TRAITÉ

THÉORIQUE ET PRATIQUE

D'AGRICULTURE

DE

VITICULTURE ET D'HORTICULTURE

Publié sous le patronage du Conseil général du département de la Savoie

Par Pierre TOCHON

Ancien élève de Grignon,
membre de l'Académie de Savoie, membre correspondant de la Société
centrale d'agriculture de France et de celle des arts de Genève,
président de la Société centrale d'agriculture du département
de la Savoie, vice-président du Comice de Chambéry,
ancien professeur d'agriculture et d'économie rurale,
officier d'académie, chevalier des SS. Maurice
et Lazare d'Italie,
chevalier de la Légion d'honneur.

CHAMBÉRY

D'ALBANE, IMPRIMEUR-ÉDITEUR,

place Saint-Léger, 13.

1874

AUX AGRICULTEURS

Mon séjour prolongé au milieu des habitants des campagnes m'a inspiré de bonne heure le désir de contribuer à leur instruction agricole, dont la nécessité n'est plus aujourd'hui un doute pour personne.

Je ne me suis pas dissimulé, toutefois, combien il serait difficile de généraliser l'étude de l'agriculture, si les instituteurs n'étaient pas préparés à l'enseigner.

Aussi, en réunissant les éléments du traité qui vient de paraître, me suis-je appliqué à doter la Savoie d'un ouvrage qui servît à l'instruction agricole des maîtres et des élèves des écoles primaires.

Dans mes vues, ce traité devait encore occuper utilement les loisirs des fermiers, des métayers, et devenir le guide du propriétaire qui consacre une partie de ses revenus à l'amélioration de ses terres.

Ce traité devait enfin s'appliquer aux conditions économiques et agricoles de la Savoie, et se trouver par la modicité de son prix à la portée de toutes les bourses.

Pour obtenir ce résultat, j'ai mis à contribution l'expérience et les travaux de mes devanciers. Tout en abrégeant et même en éliminant les questions d'un intérêt secondaire, j'ai donné un développement suffisant aux autres, pour qu'on n'eût pas besoin de recourir à des ouvrages d'agriculture plus étendus.

C'est en abandonnant, sans réserves, mes droits d'auteur, que ce livre de 340 pages in-12 sera livré, cartonné, par M. D'Albane, qui en est l'éditeur, au prix de 0,90 centimes.

Grâce au concours du Conseil général, qui a donné à ce traité son entière approbation, ce prix se trouve réduit à 0,60 centimes au profit des élèves des écoles primaires.

Telle est l'économie de cette publication à laquelle j'ai consacré tous mes soins.

Si la mise en pratique des conseils que je donne, des procédés de culture que j'indique dans cet ouvrage, contribue à améliorer le sort des habitants des campagnes, à les fixer au sol, à arrêter leur émigration vers les villes, ce sera, ami lecteur, la meilleure récompense de mes travaux.

La Motte-Servolex, le 15 mai 1874.

P. TOCHON.

TRAITÉ D'AGRICULTURE

CHAPITRE Ier.

Végétation.

APERÇU GÉNÉRAL SUR LA VÉGÉTATION.

L'agriculture est l'art de cultiver la terre pour obtenir les végétaux nécessaires à l'entretien de la vie des hommes et des animaux.

On appelle *végétal* un être organisé qui naît, s'accroît, se multiplie et meurt sans changer de place, à moins qu'une force étrangère n'agisse sur lui.

Le végétal puise sa nourriture dans l'air, dans la terre et dans l'eau; il élabore et s'assimile certains aliments pour former ses divers produits.

On désigne sous le nom de végétation cette suite d'opérations exécutées pendant sa vie, qui donnent lieu à la reproduction annuelle de ses feuilles, à son accroissement et à la formation de ses fruits.

La plante, comme l'animal, approprie à sa substance les divers sucs qui lui servent d'aliment; il y a chez elle organisation et vie, et tout végétal choisit, absorbe et s'assimile certains aliments.

DES ALIMENTS DE LA PLANTE.

La végétation a deux périodes principales : la première comprend la germination de la semence ; la seconde commence lorsque la semence ayant rempli ses fonctions, la plante vit à l'aide de ses organes propres et puise dans l'air, l'eau et la terre, tous les aliments nécessaires à la végétation.

Pour germer, les semences ont besoin de l'air, de l'humidité et de la chaleur ; c'est parce qu'ils manquent d'air que les grains enfouis à une trop grande profondeur ne germent pas.

Une chaleur tempérée de 12 à 14 degrés centigrades est la plus convenable pour hâter la germination des plantes.

La semence mise en terre ne tarde pas à se diviser en deux lobes ; puis naissent de petites feuilles dites séminales ; enfin, les racines, la tige et les feuilles se développent.

Les lobes fournissent seuls les sucs nutritifs pour la première partie de la végétation ; les feuilles séminales préparent ensuite les sucs, les racines et les feuilles remplacent ces organes ; la plante se trouve, dès ce moment, livrée à elle-même pour sa nutrition.

PRINCIPES NUTRITIFS QUE REÇOIT LA PLANTE
DE L'EAU ET DE L'AIR.

De l'eau. — L'eau est un agent de la végétation ; elle est absorbée par deux organes essentiels des plantes : les racines et les feuilles. L'eau est en même temps un aliment de la plante et un conducteur des sucs alimentaires fournis par l'air et la terre ; elle lui porte les sels qu'elle tient accidentellement en dissolution ; elle décompose les engrais pour les rendre assimilables ; enfin, elle divise la terre pour la rendre perméable à l'air.

De l'air. — L'air forme autour de la terre une enveloppe désignée sous le nom d'atmosphère.

L'air pur est composé de gaz connus sous les noms d'*oxygène* et d'*azote* ; ils se trouvent ordinairement unis aux gaz acide carbonique et hydrogène.

Les plantes ne peuvent ni germer ni se développer sans la présence de l'air, auquel elles enlèvent surtout du gaz oxygène ; elles absorbent aussi, mais en moindres proportions, du gaz hydrogène, de l'acide carbonique et de l'azote.

ACTION DE LA CHALEUR SUR LA VÉGÉTATION.

La chaleur qui nous vient du soleil est, nous l'avons dit, indispensable à la germination des semences. La végétation des plantes est d'autant plus active que la chaleur atmosphérique est plus élevée, pourvu que la sève soit suffisamment délayée.

La *sève* est un liquide incolore, limpide, que les végétaux puisent dans la terre par leurs racines et dans l'air par leurs feuilles ; c'est elle qui porte dans toutes les parties des plantes les éléments qui les nourrissent.

La chaleur a pour effet immédiat de ramollir la sève, de la mettre en mouvement.

ACTION DE LA LUMIÈRE SUR LES VÉGÉTAUX.

La lumière, pas plus que la chaleur, ne sont, pour le végétal, des éléments matériels de nutrition ; leur action se borne à stimuler les organes, à fortifier les tissus des jeunes plantes, à augmenter l'arôme des fleurs et la saveur des fruits; enfin, à développer la couleur des rameaux et des feuilles.

La lumière exerce également une influence favorable sur le travail d'élaboration de la sève accompli dans les feuilles.

Privée de lumière, la plante s'étiole, perd toute consistance et reste incolore.

DURÉE DES VÉGÉTAUX.

Les végétaux sont ligneux, sous-ligneux, ou herbacés; annuels, bisannuels ou vivaces.

Les plantes vivaces ne se distinguent des plantes annuelles que par la plus grande durée de leurs racines.

Les végétaux ligneux ou sous-ligneux conservent seuls leurs tiges pendant l'hiver.

MODES DIVERS DE REPRODUCTION DES VÉGÉTAUX.

Toutes les plantes se multiplient naturellement par leurs graines, mais plusieurs d'entre elles se reproduisent artificiellement dans nos cultures par leurs racines, leurs tiges, leurs branches et même par leurs feuilles.

Multiplication par graines. — Le *semis* est, en général, la manière la plus sûre et la meilleure d'obtenir des individus sains et vigoureux, d'une croissance rapide ; c'est par les semis seuls qu'on peut obtenir de nouvelles variétés.

Chaque plante a des graines qui conservent plus ou moins longtemps le pouvoir de germer, qui demandent à être semées à des époques déterminées, qui exigent des soins particuliers.

En indiquant la culture *spéciale* des plantes, nous signalerons les soins qu'on doit prendre pour assurer leur reproduction.

Multiplication par bourgeons, oignons, racines, tubercules, œilletons, éclats. — Les *plantes bulbeuses,* telles que l'ail, la tulipe, produisent de petits caïeux qui, enlevés à la maturité et mis en terre au printemps, servent à multiplier la plante.

Les végétaux *tuberculeux*, tels que la pomme de terre, le topinambour, produisent à la base de leurs tiges un certain nombre de tubercules qui, mis en terre, forment de nouvelles plantes.

Les groseillers, les noisetiers, produisent des *rejets enracinés* qui apparaissent au collet ou sur la racine ; on les sépare et on les replante : ces rejets s'appellent *œilletons, éclats*.

Multiplication par marcottes ou couchage. — *Marcotter* une plante, c'est coucher à une certaine profondeur un de ses rameaux sans le séparer de la branche mère, de manière à provoquer la production de racines ; on effeuille la partie qui se trouve en terre et on redresse avec ménagement l'extrémité.

Ce système de multiplication est appliqué en grand dans nos vignobles.

Multiplication par boutures. — Une *bouture* est une partie de bois nouveau détachée d'un végétal que l'on place en terre afin de provoquer la naissance de racines, de rameaux et de feuilles, et qu'il puisse vivre ainsi sur son propre fonds.

On nomme *chapons* ou *crossettes* les boutures de vignes auxquelles on a conservé une petite partie du vieux bois sur lequel elles étaient attachées.

On désigne sous le nom de *plançons* les boutures de saule et de peuplier formées de branches de deux ou trois ans.

CHAPITRE II.

Étude du Sol.

DES TERRES, LEUR NATURE ET LEURS PROPRIÉTÉS PHYSIQUES.

Le *sol* est la partie extérieure du globe. Il sert de point d'appui et de réservoir à la nourriture des végétaux.

Le sol, proprement dit, est cette couche superficielle de la terre travaillée par les instruments aratoires : c'est pour cela qu'on lui donne le nom de *couche arable*.

Le *sous-sol* est la couche de terre qui se trouve immédiatement au-dessous du sol.

Trois substances minérales principales entrent dans la composition des terres : *l'argile,* la *silice* et le *calcaire*.

TERRAINS ARGILEUX.

L'*alumine* est une substance blanche, insoluble ; de son union avec la silice, résulte l'*argile* ou terre glaise.

L'*argile* est de couleur variée ; la présence du fer la rend rouge.

L'argile a une odeur particulière ; sèche, elle absorbe 70 p. 100 de son poids d'eau et devient adhérente et ductile ; une fois saturée d'eau, elle ne se laisse plus pénétrer par ce liquide.

Pendant l'hiver, sous l'action de la gelée, les mottes humides se délitent ; pendant les chaleurs, l'argile abandonne peu à peu l'humidité dont elle est imprégnée : elle se durcit, se contracte, perd de son volume et se fend. Au contact de l'air, elle s'en laisse pénétrer et absorbe son humidité.

L'argile transmet aux racines, à l'aide de l'eau, les gaz ammoniacaux dont elle s'est emparée ; mais, pour cela, il faut qu'elle soit saturée de ce gaz. Cette dernière circonstance explique la quantité relative d'engrais nécessaire à l'argile pour donner d'abondantes récoltes ; elle nous apprend aussi comment une terre argileuse s'appauvrit plus difficilement que les autres.

Les terrains argileux sont dits *forts* lorsqu'ils contiennent une grande proportion d'argile.

Les terrains forts absorbent beaucoup d'eau et la retiennent longtemps.

Les terrains argileux conservent la fraîcheur indispensable à la végétation des plantes ; ils offrent une base solide aux racines.

On reproche aux terrains argileux la difficulté de leur culture ; pendant les chaleurs de l'été, on ne peut les pénétrer, ni briser leurs mottes ; par l'humidité, les animaux ne doivent jamais y entrer ; la charrue lisse les bandes de terre, qu'il est difficile ensuite de diviser.

Les terrains argileux s'échauffent difficilement et donnent des récoltes tardives.

Ce n'est qu'à force de travail et d'engrais, ce n'est qu'en pratiquant des rigoles à ciel ouvert et des drainages, ce n'est qu'en les marnant, les chaulant ou les écobuant qu'on parvient à en obtenir tous les services dont ils sont susceptibles.

Le froment, l'avoine, les féveroles et le colza se plaisent dans les terrains argileux ; le trèfle y réussit assez bien.

Lorsque l'argile contient du sable grossier, elle se divise plus facilement ; mais si ce sable est fin et pulvérulent, il augmente la ténacité de la terre.

L'argile, réunie en égale proportion au calcaire et à la silice, forme la meilleure de toutes les terres ; on la désigne sous le nom de *terre franche* ; en cet état, elle convient à toutes les plantes : les fourrages artificiels y réussissent tout particulièrement.

TERRAINS SILICEUX.

La *silice* est la base des terrains siliceux ; c'est un acide formé d'oxygène et d'un métal appelé *sili-*

cium. Le sable, les cailloux, la pierre à feu, le cristal de roche sont de la silice presque pure.

Le sable n'a pas de cohésion, l'eau le pénétre difficilement et s'évapore rapidement ; le sable n'absorbe pas l'humidité de l'air et s'échauffe facilement; il retient la chaleur. Plus le sable est gros, plus ces inconvénients sont sensibles.

Le sable fin, celui à gros grains, qu'aucune substance terreuse ne lie, est impropre à la végétation.

Le sable, pour devenir productif, doit présenter assez de consistance pour fournir un appui aux plantes et retenir l'eau. C'est l'argile qui lui communique cette résistance et ces qualités.

Lorsque le sable est fin et qu'il se trouve mêlé à l'argile et au calcaire, il forme un terrain de bonne qualité, surtout dans un climat humide.

Les terrains siliceux sont placés dans la catégorie des *terrains légers* ; on les désigne sous le nom de silico-argileux s'ils contiennent une certaine proportion d'argile.

Les inconvénients des terrains légers sont de perdre rapidement l'humidité indispensable aux plantes, de laisser passer dans le sous-sol les engrais qu'on leur confie, de ne pas fournir aux plantes une base assez solide; enfin, de les exposer aux variations trop brusques de température.

Le terrain siliceux a aussi ses avantages : il se

ressuie rapidement ; la culture en est facile et peu dispendieuse ; les graines y lèvent promptement et mûrissent plus tôt que celles qui sont semées dans les terrains argileux.

Selon le degré de consistance des terrains siliceux, ils produisent du seigle, du sarrazin, des navets, des pommes de terre, de l'avoine, du trèfle, des carottes, du lin, de la navette, de l'orge, des betteraves.

Si le terrain siliceux contient du calcaire, il peut produire du froment, du sainfoin, de la luzerne.

On améliore ces terrains par des marnages, des chaulages, par des labours profonds et des irrigations.

TERRAINS CALCAIRES.

Le *carbonate de chaux* ou *calcaire* est une substance ordinairement blanchâtre qui, mise en contact avec le vinaigre ou un autre acide, fait effervescence.

Le calcaire est très-répandu dans la nature ; on le trouve : 1° à l'état de rochers formant des montagnes entières ; 2° à l'état pâteux, mêlé à l'argile, dans les marnes ; 3° à l'état pulvérulent dans les terrains crayeux ; 4° enfin, dans les os des animaux.

Le carbonate de chaux, à l'état de sable très-fin, de poudre, absorbe beaucoup d'eau et forme une pâte molle adhérente ; il perd plus facilement que l'argile son humidité et tombe en poussière.

Le calcaire est d'un puissant secours pour améliorer, soit les terrains siliceux qu'il amène à produire du froment, soit les terrains argileux dont il diminue la ténacité ; il leur donne en outre un élément indispensable à la production des fourrages artificiels qui réussissent mal sans calcaire.

On appelle *terrain calcaire* celui qui contient au plus 75 p. 100 de carbonate de chaux ; *terrain crayeux*, celui qui en contient une plus forte proportion.

Les terrains crayeux sont généralement de mauvaise qualité ; ils se tassent à la pluie et forment une croûte tenace à la surface ; s'ils sont trop humides, ils se transforment en bouillie et adhèrent aux instruments ; par la sécheresse, ils se pulvérisent et sont sans consistance.

L'orge parmi les céréales, le sainfoin parmi les récoltes fourragères, la vigne, le mûrier, le noyer, s'accommodent de ce terrain.

DE L'HUMUS OU TERRAIN VÉGÉTAL.

L'*humus* est une matière brune ou noirâtre, légère, qui se réduit en poussière lorsqu'elle est sèche ; il est mou et doux au toucher quand il est humide.

L'humus est le produit de la décomposition des matières animales et végétales ; il contient la plupart des éléments destinés à la nutrition des plantes.

La richesse, la fertilité d'un sol dépendent de la quantité d'humus qu'il contient ; sous l'influence de l'air et de l'humidité, il se décompose, devient soluble et sert d'aliment aux plantes.

L'humus absorbe l'humidité de l'air, s'échauffe rapidement sous l'action des rayons solaires, mais abandonne vite sa chaleur.

L'humus a aussi une action, une influence physique sur le sol. Il divise les terres compactes et raffermit les légères ; sa formation et sa durée sont plus longues dans les terrains argileux que dans les terrains siliceux ou calcaires.

L'humus a tous les avantages que nous venons d'énumérer lorsqu'il est complet ; il n'en est pas de même s'il a été produit par des plantes décomposées sous l'eau, et contenant beaucoup de tanin ; il est alors impropre à la végétation et s'appelle *humus acide* ou *incomplet* ; on le rencontre en cet état dans les tourbières, dans les bois défrichés, dans les terrains de bruyère, dans les mousses décomposées.

La *tourbe* est le produit de la décomposition des racines et des tiges des plantes aquatiques et marécageuses ; c'est surtout là qu'on trouve l'*humus incomplet.*

On exploite les tourbières pour rendre combustibles des amas de plantes qui s'y sont accumulées; souvent ces plantes sont tellement décomposées, qu'elles forment un terreau qu'on peut rendre à la culture; mais pour y arriver, il est nécessaire de débarrasser le sol de son humidité, puis d'enlever l'*acidité* de l'humus en y mêlant de la chaux, en y pratiquant des écobuages, enfin, en labourant et fumant.

TERRAINS D'ALLUVIONS.

On donne le nom de terrains d'alluvions aux terres situées à proximité des cours d'eau et qui ont été formées par des dépôts naturels ou artificiels des sédiments que ces eaux tenaient en suspension.

Selon que ces eaux traversent des terrains argileux, calcaires ou siliceux, elles se chargent de chacune de ces substances minérales; leur qualité dépend de la proportion de leur mélange.

COUCHE ARABLE ET SOUS-SOL.

La *couche arable* est la couche de terre qui est remuée par les instruments d'agriculture.

Cette couche est ordinairement assez uniforme, mais sa profondeur varie à l'infini.

L'*épaisseur* de la couche arable donne au sol plus de fraîcheur ; les plantes y trouvent en toute saison les substances nécessaires à leur entretien, les racines s'y enterrent profondément.

Au contraire, si la couche arable est peu épaisse, la chaleur enlève rapidement le peu d'humidité qui s'y trouve. La moindre pluie imbibe toute la mince couche de terre placée au-dessus du sous-sol, et les racines se trouvent alternativement exposées à un excès de chaleur et à un excès d'humidité.

Le *sous-sol* est la couche placée au-dessous du sol ; il est *perméable*, c'est-à-dire que l'eau le traverse, ou *imperméable*, c'est-à-dire qu'il retient l'eau.

La perméabilité du sous-sol en facilite l'accès aux racines des plantes, surtout quand il est de même nature que la couche supérieure.

L'imperméabilité du sous-sol porte un grave préjudice aux récoltes, surtout lorsque la couche arable a peu de profondeur et qu'elle est elle-même argileuse. Les terrains placés dans ces conditions se trouvent exposés à tous les inconvénients d'une humidité à peu près permanente.

Le sous-sol contient quelquefois des éléments minéraux qui manquent au sol ; on en opère le mélange par des labours profonds et par des défoncements.

Si les éléments qui composent le sous-sol sont de mauvaise nature, il ne faut pas les mêler à la couche arable ; dans ce cas, on défonce sans ramener le sous-sol à la surface ; on obtient ce dernier résultat par l'emploi de la fouilleuse et de la sous-soleuse.

CAUSES DÉTERMINANTES DE LA VALEUR DU SOL.

La nature de la couche arable et du sous-sol n'a pas seule de l'influence sur la valeur d'une terre ; il faut encore tenir compte : 1° de sa *coloration ;* 2° de sa *situation ;* 3° de son *inclinaison ;* 4° de son *exposition ;* 5° du *climat.*

Coloration. — Plus un terrain est de couleur foncée, plus il s'échauffe facilement ; il absorbe au contraire d'autant moins de chaleur que sa coloration est plus claire.

Les cultures multipliées, les engrais, en divisant, en ameublissant le sol, améliorent son état primitif et le rendent plus perméable aux agents atmosphériques.

Situation. — Les situations basses déterminent l'humidité du sol, elles conviennent aux terrains siliceux ; les situations élevées conviennent aux sols argileux.

Inclinaison. — L'inclinaison à pente forte occasionne le ravinement des terres ; c'est pour cela que les sommités des coteaux sont ordinairement maintenues en pâturages ; les pentes douces en facilitant l'écoulement de la surabondance des eaux, sont très-favorables aux cultures.

Exposition. — L'exposition est la position des terrains vers l'un des quatre points cardinaux ; elle modifie les conditions générales des terres.

Un sol argileux exposé au *sud* souffre peu de l'humidité ; un terrain sablonneux ou calcaire exposé au *nord* n'a pas à craindre la sécheresse.

L'exposition au *nord* maintient l'humidité du sol, le froid y est rigoureux, l'engrais s'y décompose lentement, et les produits récoltés tard manquent des qualités que donne une chaleur prolongée.

L'exposition au *levant* soumet les plantes à de brusques transitions d'une nuit fraîche ou froide à une température matinale élevée ; celle du *couchant* conserve au contraire trop tard la fraîcheur et la rosée, mais le soleil y maintient ses rayons plus avant dans la soirée.

Climat. — Le climat comprend la température propre à une contrée, le degré et la durée de la chaleur et du froid des diverses saisons, les vents qui y soufflent, la quantité de pluie qui y tombe et sa répartition entre les saisons, les orages, la grêle, la neige, etc., auxquels il est sujet.

Pour l'appréciation du climat, il faut connaître :

1° Le degré de température et le degré d'humidité qui y règne ;

2° La latitude du lieu et l'élévation au-dessus du niveau de la mer.

Plus un pays est élevé, plus sa température est froide ; l'activité de la végétation dépend de la chaleur moyenne de la contrée.

Il tombe plus de pluie dans les pays de montagnes que dans les plaines ; quand ces pluies tombent au moment de la végétation, elles sont très-favorables ; elles sont nuisibles si elles ont lieu au moment des récoltes.

Dans un climat sec, les rosées fréquentes et abondantes suppléent à l'absence des pluies.

On se trouve rarement bien d'un climat humide ; les semailles, les cultures et les récoltes y sont difficiles et coûteuses.

Le vent aide à ressuyer les terrains forts, tandis qu'il dessèche les terrains légers.

Le climat est modifié par le voisinage des marais, des cours d'eau et de la mer.

Les brouillards entretenus par les marais refroidissent l'atmosphère, occasionnent les gelées d'automne et de printemps ; ils engendrent des maladies et diminuent la quantité et la qualité des produits.

Les grands cours d'eau entretiennent aussi des brouillards et des rosées abondantes ; les terres qui les avoisinent sont quelquefois inondées.

Le voisinage de la mer rend la température douce et uniforme ; les vents y arrivent chargés de fraîcheur et d'humidité ; le voisinage des forêts engendre l'humidité.

Les hautes montagnes chargées de neige refroidissent les contrées sous-jacentes, et occasionnent les gelées blanches tardives du printemps et les gelées précoces de l'automne.

On voit par cet aperçu rapide que l'étude du climat est intimement liée à celle du sol, et qu'il est indispensable de connaître l'un et l'autre, pour déterminer avec certitude la valeur réelle d'une terre et indiquer les plantes qu'il sera avantageux d'y cultiver.

RÉGIONS AGRICOLES.

On appelle *régions agricoles* des zones culturales dans lesquelles on réunit les terres soumises à des conditions climatériques à peu près semblables : l'on y cultive certains végétaux qui les caractérisent.

Il y a en France douze régions agricoles dans lesquelles on a compris tous les départements. La Savoie forme la dixième région avec la Haute-

Savoie, l'Ain, le Jura, la Loire, le Rhône et Saône-et-Loire. On y cultive simultanément les céréales, le maïs, les arbres fruitiers, le noyer, le mûrier et la vigne. C'est une des régions les plus favorisées sous le rapport de l'extension et de la variété de ses cultures.

CHAPITRE III.

Substances fertilisantes du sol.

AMENDEMENT DU SOL.

On appelle *amendements* les substances qui tendent à corriger les défauts naturels du sol, et qui contribuent à rétablir l'équilibre entre les divers éléments qui le compose.

On amende les terres par le *marnage*, le *chaulage*, les *transports de terre* et le *colmatage*.

Marnage. — La *marne* est une substance formée par la réunion naturelle du calcaire, de l'argile et de la silice.

Les marnes diffèrent entre elles par leur couleur, leur contexture et leur aspect. On reconnaît la marne par la propriété qu'elle a de faire effervescence avec les acides; elle a d'autant plus d'influence sur le sol qu'elle contient une plus grande proportion de calcaire, puisque généralement on ne marne un sol que pour modifier sa constitution, en y introduisant la chaux qui lui manque.

Pour déterminer la quantité de marne que l'on doit employer par hectare, il faut étudier non-seulement sa richesse en calcaire, mais encore les éléments qui composent le terrain qu'on veut amender.

Un marnage est reconnu suffisant quand il fournit au sol de 3 à 5 0[0 de calcaire.

C'est en automne et en hiver que l'on conduit la marne sur le terrain ; on la dépose régulièrement en tas sur le sol.

Sous l'influence de l'air et de la gelée, la marne se délite et ne tarde pas à tomber en poussière ; on l'étend au printemps, avant de donner le labour léger qui doit l'enfouir.

La marne judicieusement appliquée produit des effets surprenants sur le sol ; elle le transforme complétement et détermine un accroissement remarquable de récolte.

On applique avec avantage le marnage sur les défrichements de bruyères et les dessèchements de marais.

La chaux hâte la décomposition des matières végétales ; elle les débarrasse de leur acidité, et donne au sol plus de consistance.

Pour qu'un marnage ne soit pas une cause d'appauvrissement du sol, il faut le pratiquer concurremment avec une fumure ; nous en dirons autant du chaulage.

Chaulage. — Le *chaulage* a, de même que le marnage, pour but de diminuer la ténacité des sols argileux, de rendre les sols légers plus consistants, et en même temps de donner aux uns et aux autres la chaux qu'on a reconnu leur manquer.

On donne le nom de *chaux vive* aux pierres calcaires qu'un certain degré de chaleur a privées de l'acide carbonique qu'elles contenaient.

La chaux éteinte est celle dont la force a été en partie détruite par l'eau.

La chaux est âcre et caustique. Au contact de l'air elle tombe en poussière ; elle détermine la destruction des matières organiques des végétaux, et son effet est d'autant plus sensible sur une terre, que celle-ci contient plus d'humus.

La chaux s'utilise à peu près dans les mêmes conditions que la marne. On doit préférer celle qu'on appelle grasse ; la quantité employée par hectare varie avec la composition primitive du sol ; on en met de 50 à 200 hectolitres par hectare.

On doit opérer le chaulage par un temps sec ; l'on transporte la chaux du four sur le champ, où on la dispose en petits tas ; on couvre ces tas de vingt à trente centimètres d'épaisseur de terre meuble ; au bout de huit jours, la chaux aura absorbé assez d'humidité pour se réduire en poussière ; on l'étend régulièrement sur le sol et on l'enfouit au moyen d'un léger labour ou même d'un fort hersage.

La chaux ne produit aucun effet sur les terres humides ; on l'utilise avec avantage pour renouveler une prairie garnie de mousse.

La chaux, de même que la marne, demande à être employée concurremment avec une fumure, si l'on ne veut épuiser rapidement le sol.

Transport des terres. — Quand un terrain est trop argileux ou trop léger, on utilise avec avantage, pour le modifier, des terres de nature opposée à la sienne ; pour cela on couvre le champ de sable ou d'argile. Ces opérations sont très-dispendieuses ; on ne peut y avoir recours que dans de rares circonstances ; on emploie pour faire les transports une *pelle à cheval* ou *ravale*.

Dans les pays où les pentes sont trop fortes pour que la charrue puisse retourner la bande de terre dans tous les sens, ces transports de terre deviennent une nécessité pour maintenir une profondeur convenable à la couche arable, placée à la sommité des coteaux.

Pour remonter les terres on se sert d'un tombereau, que l'on charge à la partie inférieure du champ, et que l'on verse sur les points les plus élevés.

Colmatage. — Dans le voisinage des rivières qui charrient des limons, on utilise un amendement connu sous le nom de colmatage.

Le colmatage a pour but d'amener sur un champ qui manque de profondeur, une partie des eaux d'une rivière pour leur faire déposer le limon qu'elles tiennent en suspension, et de déverser les eaux devenues claires dans un canal inférieur.

Cet amendement a été appliqué, avec beaucoup de succès, dans la vallée de l'Isère.

Tous les limons ne sont pas également féconds ; c'est à l'agriculteur à s'assurer que celui qu'il a à sa disposition est approprié au but qu'il veut obtenir.

DES ENGRAIS.

Le sol ne donne pas de récoltes fructueuses, quelle que soit du reste sa composition, s'il ne contient une quantité suffisante d'humus.

Toutes les substances animales et végétales décomposées sous l'influence de l'air, de la chaleur et de l'humidité, forment l'humus.

On appelle *engrais* toutes les substances qui fertilisent le sol, qui réparent les pertes que la production végétale lui a fait éprouver.

Les engrais se divisent en *engrais végétaux*, en *engrais animaux*, en *engrais mixtes* ou *composés* et en *engrais minéraux*.

ENGRAIS VÉGÉTAUX.

On appelle *engrais végétaux* ceux qui proviennent exclusivement des plantes, tels que les engrais verts et les tourteaux.

Engrais verts. — Les engrais verts s'obtiennent en semant certaines plantes dont le développement est très-rapide pour les enfouir à l'époque de leur floraison.

Leur action est basée sur ce principe que toute plante restituée à la terre avant d'avoir porté graine, en augmente la fertilité, parce qu'elle a puisé les éléments qui ont contribué à son développement surtout dans l'atmosphère.

Les engrais verts produisent de bons effets dans les terrains sablonneux et crayeux ; ils sont surtout profitables lorsqu'on les alterne avec des fumiers d'étable, dans aucun cas ils ne les remplacent.

Les plantes employées comme engrais verts sont celles qui sont vigoureuses, qui acquièrent un grand développement, se décomposent promptement et dont la semence coûte peu, telles que le sarrazin, la navette, le colza, le trèfle et le lupin.

Tourteaux. — On appelle tourteaux les résidus solides des graines dont on a extrait des huiles; on emploie en agriculture les tourteaux de colza, de lin, d'arachide et de sésame.

Ordinairement, on répand sur le sol le tourteau réduit en poudre quinze jours avant les semailles; sans cette précaution, la graine mise en terre ne lève pas.

Dans le midi de la France, on fait un grand usage des tourteaux pour féconder les vignes, les arbres fruitiers et les oliviers; on en met de 2 à 10 kilos par pied.

On emploie le tourteau à la dose de 600 à 1,000 kilos par hectare; les effets de cette fumure sont surtout sensibles si le temps est humide : ils ne se prolongent pas au-delà d'une année.

ENGRAIS PUREMENT ANIMAUX.

Le sang, les os, la laine, les plumes, la corne, les peaux, etc., sont des engrais animaux; mais on désigne plus spécialement sous ce nom la *matière fécale*, la *colombine*, le *noir animal, les os broyés*, le *parc* et le *purin*.

Matière fécale. — On désigne sous ce nom les déjections solides des hommes. C'est le plus complet et le plus actif des engrais; on l'emploie à l'état frais ou desséché. Dans ce dernier cas, il porte le nom de poudrette.

A l'état frais, on le répand liquide sur le sol nu ou sur des récoltes en végétation. Cet engrais convient à tous les terrains, mais surtout à ceux de consistance moyenne ; il faut l'employer avec modération pour éviter que les récoltes ne versent.

De même que toutes les substances organiques fermentées, son action fertilisante ne s'étend pas au-delà d'un an.

La poudrette ou matière fécale desséchée se répand à la main sur les récoltes, dans la proportion de 15 à 1,800 kilos par hectare.

On désinfecte les fosses d'aisance au moyen d'un mélange de 50 kilos de terre ou de sciure de bois, 3 à 4 kilos de plâtre en poudre et 6 kilos de couperose ou vitriol en poudre pour 10 hectolitres de matières ; on agite le mélange avec un bâton, et vingt-quatre heures après, la matière est complétement inodore.

Colombine. — On appelle colombine les déjections des oiseaux de basse-cour ; c'est un engrais puissant qu'on doit recueillir avec soin dans les poulaillers et les colombiers.

On répand ordinairement la colombine à la volée après l'avoir réduite en poudre ; si on ne peut pas l'employer immédiatement, il faut la placer dans un lieu sec et la couvrir de plâtre et de terre ; elle se conserve très-bien ainsi.

Le *guano* est un engrais semblable à la colombine ; il provient des déjections des oiseaux d e mer et se trouve en grandes masses sur certaines côtes de la mer du Sud.

Le guano pur donne d'excellents résultats, mais trop souvent il est frelaté.

On reconnaît sa pureté à sa forte odeur d'ammoniaque, à sa saveur piquante, aux concrétions blanchâtres de sa masse ; enfin, en le jetant dans l'eau, il gagne vite le fond et ne laisse rien surnager.

L'hectolitre de guano du Pérou pèse 93 kilos, son prix est de 33 fr. le quintal métrique ; il en faut 3 à 400 kilos par hectare.

Noir animal. — Le noir animal ou noir des raffineries de sucre est composé d'os calcinés réduits en poudre très-fine et de sang qui a servi pour la clarification du sirop.

Cet engrais produit de bons effets dans les terrains de landes, dans les bois défrichés. On le sème à la volée sur les plantes déjà levées, mais il ne faut l'employer que deux ou trois mois après sa sortie des raffineries.

Os broyés. — Les os ne sont pas toujours convertis en noir animal ; l'industrie de la savonnerie les concasse pour en extraire par l'ébulition les parties grasses qu'ils contiennent.

Après cette première opération on soumet les os à un triturage qui les réduit en poudre.

C'est à cet état qu'on s'en sert en agriculture, pour rendre aux terres l'acide phosphorique que toutes les graines et les pepins lui enlèvent pour arriver à maturité.

Les os en poudre contiennent 24 p. 100 d'acide phosphorique et 8 p. 100 d'azote.

La poudre d'os se sème sur les prairies et sur les céréales à raison de 150 à 200 kilos par hectare ; son prix varie de 14 à 16 fr. le quintal métrique.

Parc. — Le parcage consiste à réunir un certain nombre de moutons sur une surface limitée, pour faire profiter la terre des déjections ainsi que de la chaleur et de la transpiration de ces animaux.

Le parcage économise la litière, épargne les transports d'engrais ; il équivaut à une bonne fumure quand chaque bête à laine n'occupe qu'un mètre carré et reste une nuit tout entière sur le même parc. Il équivaut à une demi-fumure si on change le parc au milieu de la nuit.

Si le sol est léger, on peut labourer avant de faire parquer, puis on recouvre le parc au moyen d'un coup de herse ou d'extirpation. Le plus souvent, on laboure le parcage après le séjour des moutons.

Purin. — Le purin est la partie liquide des déjections des animaux qui n'a pas été absorbée par la litière. Le purin est recueilli dans des fosses ; c'est là qu'on le prend pour arroser les tas de fumier et pour transporter l'excédant sur les prairies naturelles ou artificielles et sur les terres légères.

On doit, quand le purin est frais, le mêler à quatre fois son volume d'eau. On augmente sa qualité en y faisant dissoudre du sulfate de fer ou du sulfate de soude.

ENGRAIS MIXTES OU COMPOSÉS.

Le *fumier d'étable* est un engrais mixte ou composé qui provient du mélange des excréments des animaux avec certaines matières végétales, telles que la paille, les leiches ou blaches, les feuilles d'arbres, les bruyères, etc.

Le fumier forme pour le cultivateur l'engrais par excellence, parce qu'il réunit aux matières minérales tous les éléments de fertilité nécessaires au développement des végétaux ; c'est aussi le seul que le cultivateur puisse se procurer en grande quantité et à meilleur marché.

La qualité du fumier dépend non-seulement de l'espèce d'animal qui le produit, mais encore de la manière dont cet animal est nourri ; elle dépend aussi de la nature des litières et du mode de fabrication.

Fumier de cheval. — Le fumier de cheval est le plus actif des fumiers d'étable. Au contact de l'air,

il entre promptement en fermentation ; c'est par
des arrosages répétés qu'on arrête cette fermentation excessive et qu'on lui conserve ses qualités.
On le recherche pour les terrains argileux.

Fumier de bêtes à cornes. — Ce fumier, plus
aqueux, plus froid que celui de cheval, entre plus
difficilement en fermentation ; il convient à toutes
les terres siliceuses et calcaires, il s'applique au
plus grand nombre de récoltes.

Le meilleur fumier de bêtes à cornes est celui
des bœufs ; celui des vaches vient après, puis celui
des jeunes élèves.

Fumier de bêtes à laine. — Moins chaud que celui
de cheval et plus actif que celui des bêtes à cornes,
le fumier des bêtes à laine passe pour le meilleur
de ceux d'étable. Il convient aux terrains froids et
argileux, et produit surtout des effets la première
année de sa mise en terre, tandis que l'action des
autres se répartit sur plusieurs années.

Fumier de porc. — Le fumier de porc passe pour
le plus froid et le moins fécond des engrais d'é-
table ; on en améliore la qualité par une bonne
fabrication.

FABRICATION DES FUMIERS.

La fabrication des fumiers comprend toutes les
manipulations que nécessite sa sortie des étables,

sa mise en tas, sa fermentation, son arrosage et son transport sur les champs.

Généralement, les fumiers des divers animaux ne sont pas employés séparément ; on les mélange pour les améliorer les uns par les autres.

CONDITIONS PHYSIQUES DE LA BONNE CONFECTION DES FUMIERS DE FERME.

Le fumier d'étable et d'écurie, qui forme la base de nos engrais de ferme, demande, pour acquérir toutes ses qualités, les soins sur lesquels nous croyons devoir appeler l'attention des agriculteurs.

Que fait-on généralement ? Le fumier, enlevé de l'étable tous les huit ou quinze jours, souvent même tous les mois, est jeté dans un trou creusé dans le sol devant la porte de l'écurie, où il attend d'être conduit au champ.

N'étant ni arrangé en couches, ni tassé, ni arrosé, il subit dans cet état une fermentation incomplète. S'il pleut, il est lavé par les eaux qui lui enlèvent ses éléments les plus précieux ; s'il fait le soleil, il est desséché et presque toujours la moisissure s'empare de ses parties les plus soulevées.

Lorsqu'on le livre à la terre, au lieu de s'être amélioré, il a perdu une partie de ses qualités.

C'est pour réagir contre cet état de choses que nous allons indiquer sommairement les conditions indispensables pour réunir, améliorer et conserver les engrais.

Nettoyage des étables. — Dans l'intérêt de la santé des animaux, il faut nettoyer les étables au moins tous les huit jours.

Le fumier ne doit pas être entassé dans une fosse creusée dans le sol : son contact permanent avec le liquide qui s'y trouve fait naître la fermentation putride, le décompose, dissout les sels solubles qu'il contient et lui fait perdre l'énergie et la durée de son action fertilisante.

Mise en tas des fumiers. — Le système recommandé par nos meilleurs agriculteurs consiste à étendre et tasser les fumiers au sortir de l'étable sur des *plates-formes* ou *aires* à fumier.

Plates-formes à fumier. — On donne le nom de *plate-forme* ou d'*aire* à fumier à un terre-plein rectangulaire ou carré long, rendu imperméable par une couche de terre grasse, autour duquel on établit une rigole destinée à recueillir les jus qui sortent du tas de fumier et à les conduire dans une fosse à purin, dont il va être question.

Le nombre et l'étendue des plates-formes doit être en rapport avec le nombre de têtes et l'espèce de bétail entretenu en permanence sur l'exploitation.

On conseille de ne pas donner aux plates-formes

plus de quatre mètres de largeur. L'élévation du tas de fumier de plus de deux mètres, au-dessus du niveau du sol, en rend la manipulation difficile.

Arrosage des fumiers. — Pour diminuer autant que possible la fermentation produite par le tassement du fumier, on l'arrose souvent, non pas avec de l'eau, substance inerte, mais avec les déjections liquides des animaux, auxquelles on donne le nom de purin.

Il importe d'arroser souvent en été ; plus les arrosages seront répétés, plus la qualité du fumier sera maintenue.

Fosse à purin. — On recueille le purin, qui est le plus riche des engrais en matières fécondantes, dans des fosses de grandeurs différentes, creusées en terre, murées et cimentées pour les rendre imperméables, que l'on construit aussi près que possible des plates-formes à fumier.

Choix du local destiné aux plates-formes et fosses. — Lorsqu'on a le choix de l'emplacement, il convient de placer les plates-formes à fumier et la fosse à purin à proximité et en contre-bas des écuries et des étables, pour diminuer la main-d'œuvre que nécessite l'enlèvement des litières et pour que les urines aient un écoulement naturel dans la fosse.

Couverture des fumiers. — On conseille avec raison de placer une toiture sur les fumiers pour empêcher qu'ils ne soient délavés par les pluies d'hiver ou desséchés par les chaleurs de l'été.

On obtient une partie des avantages que procurent ces toits fixes, trop dispendieux pour être conseillés, en plantant autour des plates-formes à fumier des arbres qui donnent le plus d'ombre, tels que le saule pleureur et le platane.

On se trouve aussi très-bien de couvrir le fumier d'une couche de terre, lorsqu'il doit être conservé longtemps en tas.

Il faut encore que l'on puisse aborder facilement auprès des plates-formes à fumier pour le charroi des engrais, ainsi que de la fosse à purin pour la mise en tonneau et le transport des purins qui ne sont pas utilisés pour l'arrosement des tas de fumier ; ces purins, versés sur les prairies artificielles, ou mêlés aux eaux d'irrigation des prairies naturelles au printemps ou après la première coupe, en augmentent pour plusieurs années la fécondité.

Rendement en urine et fumier d'une tête de bétail. — Nous donnons les renseignements suivants aux personnes qui voudraient proportionner la capacité de leurs fosses et l'étendue de leurs plates-formes aux animaux domestiques qu'ils entretiennent sur leur exploitation.

En admettant que le bétail est de taille moyenne,

qu'il vit en stabulation permanente et qu'on lui donne une litière convenable, le rendement annuel, en urines et en fumier, est pour :

	Urines.	Fumier.
Les chevaux, de.	1,500 kil.	9,000 kil.
Les bêtes à cornes adultes	4,000 »	12,000 »
Les moutons.	190 »	600 »
Les porcs	600 »	1,000 »

Le poids d'un mètre cube de fumier varie avec l'espèce d'animal qui l'a produit et son état au moment du pesage.

Le mètre cube de fumier de cheval frais pèse 400 kilos.

Le mètre cube de fumier de bêtes à cornes pèse 600 kilos.

Le mètre cube de fumier de bêtes à laine pèse 450 kilos.

Le mètre cube de fumier de ces animaux mélangé, mis en tas, pèse, après la fermentation, 700 kilos. C'est celui que l'on appelle fumier normal.

Emploi des fumiers frais ou fermentés. — Les terres fortes s'accommodent très-bien des fumiers longs et pailleux ; enfouis dans cet état, ils divisent le sol et facilitent l'accès des agents atmosphériques dans la couche remuée.

Par un motif opposé, les terres légères, qui sont facilement desséchées, demandent des fumiers fermentés en tas.

Le fumier est conduit sur le champ au moment de l'enfouir ; il est très-important de placer les petits tas que l'on forme à des distances égales pour que les ouvriers chargés de l'étendre le fassent d'une manière uniforme.

La quantité de fumier à donner au sol dépend de sa nature, de l'état où il se trouve et des cultures auxquelles on l'applique : elle varie de 30,000 à 40,000 kilos par hectare.

Dans les terrains argileux, il y a avantage à donner tout d'un coup une forte fumure ; dans les sols légers, il vaut mieux la diviser.

ENGRAIS MINÉRAUX.

Les engrais minéraux le plus en usage sont les cendres de bois, la suie et le plâtre.

Les cendres constituent un engrais qui ne produit ses effets qu'autant qu'il est placé sur un terrain convenablement fumé.

Les cendres lessivées ont des qualités plus ou moins considérables selon la nature du bois qui les a fournies et l'usage industriel auquel elles ont servi ; celles de savonneries ont le plus de valeur. C'est à la dose de 40 à 50 hectolitres par hectare qu'on les range en petits tas sur le champ pour les étendre plus commodément; on les enfouit à la charrue.

Les cendres de tourbe, ne contenant pas de potasse, sont moins bonnes que celles de bois; cependant, elles produisent de très-bons effets sur le lin et le trèfle.

Les cendres répandues sur les prairies détruisent la mousse et favorisent la croissance du trèfle, du lotier et de quelques autres plantes fourragères; si les prés sont humides, les effets des cendres sont moins sensibles.

Du plâtre. — Le plâtre crû ou cuit est un des engrais les plus employés, surtout sur les prairies artificielles, dont il double souvent le rendement.

Le plâtre ne produit pas d'effet sur les terrains bas et humides; il lui faut un sol sec, chaud et fertile.

Le plâtre s'emploie à raison de 200 à 400 kilos par hectare.

On choisit un temps calme pour le répandre à la volée sur les plantes en végétation; quelquefois, on en sème la moitié en automne et la moitié au printemps.

Le plâtre se place sur la luzerne, le sainfoin, les vesces, le trèfle, le colza et la navette.

Suie. — La suie de cheminée et de poêle où

l'on brûle du bois est composée d'un grand nombre de corps et de sels à base de chaux, de potasse, de magnésie et d'ammoniaque.

La suie s'emploie avec succès sur les prairies naturelles et artificielles.

On augmente son action stimulante sur les végétaux en la mélangeant avec son volume de cendres de bois.

La suie se vend de 5 à 6 fr. les 100 kilos, on la répand sur les prés à raison de 500 à 600 kilos par hectare.

COMPOST.

On appelle compost la réunion de toutes les substances animales, végétales et minérales, susceptibles de former de l'engrais.

La chaux, la marne, les cendres, mêlées à des fumiers, des gazons, des boues de rue, de la tourbe, des bruyères, etc., etc., entrent dans la formation d'un compost.

Des arrosages au purin facilitent la décomposition des matières végétales et accélèrent la fermentation de ces diverses substances réunies en tas plus ou moins considérables.

On peut conduire un compost sur le champ aussitôt qu'il a acquis de l'homogénéité. Cet engrais convient particulièrement aux prairies et aux vignes.

DE L'ÉCOBUAGE.

L'écobuage est une opération agricole qui consiste à détacher la couche supérieure des prairies humides, des tourbières, pour les brûler, afin de produire des cendres et d'annihiler par leur influence les causes d'infécondité de certains sols.

L'écobuage comporte trois opérations principales : la séparation de la couche à écobuer, le dessèchement des mottes et la combustion.

1° *La séparation de la couche à écobuer* se pratique dans la grande culture à la charrue, dans la petite culture au moyen d'une houe plate.

2° *Le dessèchement des mottes* est plus ou moins rapide, selon qu'on agit dans une saison plus ou moins chaude ; il consiste à mettre les mottes au contact de l'air et du soleil, en les tenant droites, ou à les retourner de temps à autre lorsqu'on les laisse à plat.

3° *La combustion* est des trois opérations celle qui demande le plus de soin, car il est très-important de ne pas laisser durcir la terre brûlée comme de la brique, mais de la conserver à l'état de cendres noires. Pour arriver à ce résultat, on amasse des matières combustibles sèches, on les recouvre de gazons desséchés, en ayant soin de boucher avec de nouveaux gazons toutes les ouvertures qui se forment. Lorsque ce foyer incandescent a atteint le volume d'un quart de mètre cube, on cesse de charger le tas et on l'étend le plus tôt possible.

Dans les pays élevés et froids, dans les montagnes inaccessibles aux charrois, on pratique l'écobuage uniquement pour procurer à la terre l'engrais qui lui est nécessaire.

On peut cultiver toute espèce de plantes sur un écobuage. On évalue de 106 à 130 fr. par hectare le prix de revient de cette opération.

CHAPITRE IV

Culture du Sol. — Instruments employés.

Cultiver le sol, c'est le faire passer par une série d'opérations mécaniques qui ont pour but principal de l'aérer, de l'ameublir, de détruire les mauvaises herbes, d'enfouir les engrais, d'enterrer la semence et de protéger les plantes contre l'action du froid, du vent et de la sécheresse.

Les principaux instruments employés à la culture du sol sont la charrue, la herse, le rouleau, le scarificateur, l'extirpateur, la houe à cheval, la charrue vigneronne, le buttoir, le rayonneur et le semoir.

CHARRUE-ARAIRE.

La *charrue* est un instrument destiné à couper horizontalement et verticalement une bande de terre et à la renverser de manière à amener sa partie inférieure à la surface du sol.

La charrue se compose : 1° d'un *âge* ou partie horizontale appelée aussi *perche*, *flèche* ; 2° des *mancherons* ou manches de la charrue ; 3° du *coutre* ou couteau ; 4° d'un *sep* ou semelle ; 5° d'*étançons* qui supportent l'âge et l'unissent au sep ; 6° du *soc* destiné à couper horizontalement la bande de terre ; 7° du *versoir*, qui renverse cette bande ; 8° d'un *avant-train* qui supporte l'âge, règle la largeur et la profondeur du labour et sert de point d'attache à la chaîne de traction.

Une charrue dont l'âge n'est pas soutenu par un avant-train, porte le nom d'*araire ;* elle est pourvue d'un *régulateur* mobile qui remplace l'avant-train et sert comme lui à régler la profondeur et la largeur du labour et de point d'attache à la traction.

Pour qu'une charrue marche régulièrement, il faut qu'elle soit bien réglée, bien équilibrée ; que l'action du coutre, qui coupe verticalement la terre, précède celle du soc qui la détache horizontalement, et que le versoir soit convenablement contourné pour recevoir la bande de terre au moment où elle abandonne le soc et la pousser insensiblement contre la terre déjà remuée.

Si le versoir est court et droit, il laisse retomber la terre dans le sillon ; s'il est trop long, la charrue se charge inutilement de terre ; s'il est trop écarté de l'âge, il appuie fortement contre le guéret et augmente le travail des animaux.

Le versoir d'une charrue est fixe et mobile ; s'il est fixe, il est ordinairement placé à droite ; l'oreille mobile fait donner à la charrue le nom de *tourne-oreille* ou *courante*.

Avec les charrues à oreille fixe, le laboureur ouvre deux raies qu'il parcourt successivement ; avec les charrues tourne-oreille, on revient dans la même raie après avoir changé la position de l'oreille, du coutre, quelquefois même du soc.

La charrue tourne-oreille est spécialement appliquée dans les pays montueux à fortes pentes, où il est impossible de renverser la bande de terre dans le sens de la plus grande pente.

Les charrues tourne-oreille ont reçu d'importantes améliorations depuis quelques années : les constructeurs se sont appliqués à leur procurer tous les avantages de l'araire à oreille unique.

En Savoie, à part de rares exceptions, on se sert

d'une charrue à deux oreilles fixes, ou à deux oreilles mobiles ; la première, pourvue d'un soc en forme de coin, déchire et pousse la terre au lieu de la couper et de la renverser ; elle fait un travail détestable en plaine ; il est un peu meilleur dans les coteaux où la terre se renverse sans trop d'efforts dans le sens de la pente ; il est impossible de remuer profondément le sol avec cet instrument.

La charrue courante a aussi un soc en pointe. Les deux oreilles, en bois ou en tôle, peu ou pas contournées, sont liées ensemble par une bride de fer placée à la partie postérieure ; cette bride passe dans l'étançon, et sert à pousser à droite ou à gauche l'oreille qui doit fonctionner, la seconde vient s'appliquer et est maintenue contre le corps de la charrue.

Toutes les charrues de la Savoie sont à avant-train.

DES LABOURS.

Les labours ont pour but : 1° d'ameublir le sol, pour que l'air, la chaleur et l'humidité puissent le pénétrer ; 2° d'en mélanger toutes les parties ; 3° de détruire les mauvaises herbes de la précédente récolte.

En labourant on peut renverser une bande de

terre de trois manières différentes, selon que la charrue prend plus ou moins de profondeur de terre.

On laboure *à plat* si la largeur et la profondeur de la bande de terre séparée du sol sont égales ; le *labour sera droit* si la profondeur est plus considérable que la largeur ; enfin il sera *couché* à 45 degrés si la largeur est double de la profondeur.

Ce dernier labour est le meilleur, parce qu'il met la plus grande partie de la terre remuée en contact avec les agents atmosphériques, et que l'herbe se trouve entièrement cachée sous la bande renversée.

Selon l'instrument dont on se sert, selon la nature du terrain et son inclinaison, les labours sont faits à *plat*, en *planches* ou *billons*.

Labours plats. — Quand on se sert d'une charrue *tourne-oreille* ou *courante*, l'instrument va et vient dans l'unique sillon ouvert ; on dit ce labour fait à *plat*, parce que après le travail on voit une surface uniformément remuée.

Labours en billons. — Quand au contraire le laboureur se sert d'un araire à oreille unique, il ne peut aller et revenir dans le même sillon, sans perdre le temps nécessaire pour revenir à vide au point de départ ; dans ce cas, on fait des planches, c'est-à-dire qu'on ouvre deux sillons et qu'on opère en adossant la moitié des bandes de terre dans un sens, la moitié dans le sens opposé.

. Avec ce système de labour on *enraye*, c'est-à-dire qu'on commence le labour au moyen de deux traits de charrue, et quand on arrive au dernier sillon on *déraye*, c'est-à-dire qu'on achève, en laissant ouvert le dernier sillon, qu'on appelle *jauge*; au labour suivant, on enrayera sur cette jauge, et on dérayera où l'on avait enrayé au précédent labour. La première de ces opérations s'appelle adosser, la seconde refendre.

Cette manière d'opérer s'appelle labourer en planches, et ces planches sont plus ou moins larges, selon que le terrain est plus ou moins sec, plus ou moins humide.

Dans certaines circonstances, surtout dans les sols humides, on laboure en planches étroites qui ne dépassent pas 4, 6 ou 8 traits de charrue; dans ce cas, la crête ou l'ados de cette planche, qui prend le nom de *billon*, est surélevée; tandis que les dérayures sont profondes et rapprochées.

S'il était permis de choisir entre ces trois systèmes de labour, nul doute qu'on devrait préférer le labour *à plat*, qui facilite non-seulement le fauchage des récoltes, mais encore leur enlèvement; viendrait ensuite la planche large.

Quant au labour en billons, il ne doit être

adopté que lorsque c'est une nécessité ; car, outre
que les plantes ne jouissent pas également, sur
les deux côtés de la planche, de l'influence du soleil, la végétation prospère au sommet où s'est
accumulée la terre, et languit sur les parties latérales qui en sont dégarnies; avec le billon l'engrais, la semence, se répartissent inégalement; le
hersage, le roulage, et la récolte, se font difficilement.

ÉPOQUE DES LABOURS.

Les terrains meubles siliceux peuvent être
labourés par tous les temps ; on doit cependant
préférer les temps frais et même humides pour
donner au sol plus de fermeté.

Les terrains argileux, tenaces, imperméables,
ne doivent être labourés ni quand ils sont trop
secs, ni quand ils sont trop humides ; toutefois
un labour d'automne, qui doit subir l'action des
gelées, peut se faire en quelque état que se trouve
la terre.

La perfection d'un labour dépend du but qu'on
se propose en l'opérant; il ne donne de bons
résultats qu'autant que la terre est friable et a de
la tendance à se diviser.

La surface de terre labourée par un attelage,
dans une journée de travail de dix heures, varie

avec une foule de circonstances; on peut cependant prendre pour base de calcul, qu'une charrue attelée de chevaux labourt dans ce laps de temps de 30 à 40 ares; attelée avec des bœufs, de 25 à 35 ares.

DÉFONCEMENT.

Il faut autant que possible labourer profondément quand le sous-sol n'est pas de mauvaise qualité; on ne doit pas craindre d'en mélanger une partie avec la couche arable.

Si le sous-sol est de mauvaise nature, on peut se servir d'une fouilleuse ou d'une défonceuse, qui l'ameublit sans le ramener à la surface. On laboure d'abord avec une charrue ordinaire, puis l'on fait passer dans la même raie une fouilleuse qui remue et soulève le sous-sol.

HERSE.

La *herse* est un instrument qui affecte différentes formes; les plus communes sont les formes triangulaire et trapézoïdale plus ou moins régulières. On construit la herse tantôt en bois, tantôt en fer, ordinairement le bâti est en bois et les dents en fer. La herse sert à diviser, à ameublir la surface du sol, à le mélanger avec les engrais et les amendements, à détruire les mauvaises herbes et à recouvrir la semence.

La herse, quelle que soit sa forme, doit être construite de manière à ce que chacune de ses dents trace un sillon particulier, et que ses oscillations déterminent la désagrégation des mottes qu'elle doit briser.

Les dents de la herse sont en bois ou en fer ; les premières peuvent suffire dans les terrains légers, mais elles s'usent très-vite ; les secondes sont indispensables dans les sols argileux.

La longueur des dents, leur inclinaison en avant, le poids du bâti, l'allongement des traits des animaux, donnent plus d'énergie au hersage.

En Savoie, on se sert d'une herse triangulaire, à laquelle on doit surtout reprocher son peu d'oscillation dans les terrains à forte consistance.

La herse de Valcourt, qui coûte de 25 à 65 fr., est la meilleure de toutes, parce qu'avec le même instrument on peut donner des hersages légers ou énergiques et recouvrir la semence ; elle se règle au moyen d'une chaîne qui tient toute la largeur de l'un de ses petits côtés.

Le hersage, comme le labour, doit être appliqué à propos, c'est-à-dire lorsque le sol est en état de le recevoir ; un hersage intempestif dans les grosses terres fait souvent du mal à la récolte.

C'est au moment où les mottes ne sont ni trop humides, ni trop sèches, qu'il faut pratiquer le hersage.

4

ROULEAU.

Le rouleau est un instrument construit en bois dur, en pierre, en fer creux ou en fonte, qui affecte toujours la forme cylindrique.

En roulant, on peut avoir pour but : 1° de briser les mottes de terre soulevées par les labours ; 2° de comprimer les terres meubles ; 3° de couvrir les semences fines, telles que le trèfle, la luzerne, le millet, que la herse enterrerait trop profondément ; 4° de rechausser après un hiver rigoureux, sans neige, les blés que le gel et le dégel successifs ont soulevés ; 5° de tasser les gazons d'une prairie nouvelle.

Le rouleau, pour produire son effet, ne doit être employé que lorsque le sol est convenablement ressuyé.

On fabrique un grand nombre de formes de rouleaux ; les plus puissants sont à disques de fer ou de fonte ; le prix élevé du rouleau squelette, du croskil, n'en permet l'usage qu'à la grande propriété.

Le rouleau le plus répandu est construit en bois dur.

Le rouleau, pour agir convenablement, ne doit pas avoir plus de 1 mètre 30 de longueur, sur un diamètre de 50 centimètres ; il serait même désirable qu'il fût divisé au milieu. Trop long, il ne produit aucun effet sur les parties creuses d'un champ ; trop court, il fait peu de travail ; si le diamètre est trop considérable, le rouleau passe sur les mottes sans les briser ; s'il est trop petit, il traîne les mottes au lieu de les désagréger.

Le rouleau est un instrument d'une grande utilité, qui devrait se trouver dans toutes les exploitations ; on peut se le procurer, construit en bois dur, pour 35 à 40 francs.

HOUE A CHEVAL.

La *houe à cheval* est un instrument qui fonctionne à l'aide de socs et de couteaux : elle est destinée à détruire les mauvaises herbes et à ameublir la surface du sol.

La houe est utilisée pour donner des sarclages économiques aux cultures en ligne, telles que la pomme de terre, le topinambour, le colza, le maïs, la betterave et la carotte.

Les espacements donnés à chacune de ces plantes étant différents, les bras qui portent les socs et les couteaux sont mobiles, afin de pouvoir les éloigner ou les rapprocher à volonté.

La houe à cheval est un instrument très-économique ; un seul cheval, un seul bœuf, est employé à le traîner. On peut, avec son concours, multiplier les cultures d'entretien ; le sarclage à la houe ne dispense cependant pas d'une manière absolue du travail à bras, pour compléter le nettoiement des plantes dans la ligne.

La houe à cheval est pourvue d'un régulateur qui permet de donner plus ou moins de profondeur au binage ; l'homme qui en tient les cornes dirige lui-même le cheval.

Une houe à cheval bine, dans une journée de dix heures, de 60 à 80 ares ; elle coûte de 35 à 55 fr.

CHARRUE VIGNERONNE.

La charrue vigneronne est un instrument qui, au moyen de pièces de rechange, applique à la vigne les cultures économiques que la charrue, la houe à cheval, le buttoir et la ratissoire, servent à donner aux végétaux herbacés.

On attelle un et rarement deux chevaux à la charrue vigneronne ; ils marchent à la suite l'un de l'autre, et sont conduits par des enfants qui se tiennent dans l'une des lignes latérales.

Pour faire usage de cet instrument, il faut que la vigne soit plantée en lignes sur un terrain plat, ou à inclinaison douce ; il faut encore que l'espacement entre les lignes soit d'au moins un mètre, pour que le cheval circule sans casser les sarments, sans accrocher les souches.

Dans une journée de dix heures, avec la charrue vigneronne, on laboure 30 à 35 ares ; on bine et on ratisse de 50 à 60 ares ; la charrue vigneronne, avec ses accessoires, coûte de 130 à 160 francs.

BUTTOIR.

Le buttoir est un instrument de culture qui ressemble beaucoup à une charrue pourvue de deux oreilles, qu'on peut éloigner ou rapprocher à volonté.

Butter c'est amasser la terre meuble contre le pied des tiges des plantes.

On butte surtout les pommes de terre. Le même instrument sert à ouvrir et à nettoyer les rigoles, que l'on trace dans les champs pour donner un écoulement aux eaux.

Le travail s'opère au moyen d'un cheval ou d'un bœuf, conduit par le laboureur qui tient les cornes de l'instrument. Un régulateur à roulette, placé au bout de l'àge, sert à donner plus ou moins de profondeur au travail du buttoir.

On peut butter, en dix heures, de 40 à 50 ares. Cet instrument coûte de 50 à 60 francs.

EXTIRPATEUR.

L'*extirpateur* est un instrument armé de plusiers socs, qui coupe les plantes entre deux terres et remue le sol à une certaine profondeur, sans le retourner.

On se sert de l'extirpateur pour déchausser, pour détruire les mauvaises herbes, pour donner un second labour, et même pour enterrer la semence.

L'extirpateur se compose d'un bâti muni de deux mancherons, auxquels sont fixés six socs solidement construits ; on règle la profondeur de sa marche au moyen d'un régulateur à roue.

On attelle trois et même quatre bêtes de trait à cet instrument.

SCARIFICATEUR.

Le travail du scarificateur est plus énergique que celui de l'extirpateur ; il déchire et divise la terre au lieu de la couper ; il se règle comme l'extirpateur. L'instrument se compose d'un solide bâti triangulaire, auquel sont fixées dix dents de formes variées.

On emploie le scarificateur surtout pour déchaumer les terres fortes.

Il faut souvent plusieurs attelages pour faire marcher convenablement cet instrument.

Le prix élevé de l'extirpateur et du scarificateur, le nombre d'animaux de trait nécessaire pour les utiliser, ne permettent leur emploi que dans les exploitations d'une certaine importance.

SEMOIR.

Le semoir est un instrument destiné à remplacer la main de l'homme, pour répandre les diverses semences qu'on veut confier à la terre.

Les principaux avantages du semoir sont : 1º de mettre les grains en terre à une profondeur régulière déterminée à l'avance ; 2º d'économiser la semence ; 3º de rendre les menues cultures plus faciles.

Le semoir a l'inconvénient : 1º de coûter trop cher ; 2º de faire peu de travail ; 3º d'exiger que le terrain soit meuble et parfaitement préparé.

On a inventé un grand nombre de semoirs ; les uns sont à brouette, les autres à cheval. Les uns et les autres doivent remplir les conditions suivantes : éloigner ou rapprocher à volonté les lignes semées ; répandre la semence d'une manière uniforme ; recouvrir les grains au fur et à mesure qu'ils sont mis en terre ; enfin, coûter le moins cher possible.

Les semoirs les plus recommandés aujourd'hui sont ceux de Dombasle, Grignon et de Jacq Robillard.

Le semoir à brouette Dombasle coûte 60 francs.

MOISSONNEUSES, FAUCHEUSES, RATEAUX A CHEVAL ET FANEUSES.

Dans les grandes exploitations où la main d'œuvre est insuffisante pour rentrer les récoltes, on se sert de faucheuses pour faucher les prairies naturelles et artificielles, de moissonneuses pour récolter les céréales, enfin, de râteaux à cheval, et même de faneuses, pour dessécher le foin et l'amasser.

Ces instruments qui coûtent fort cher, notamment la faucheuse et la moissonneuse, demandent, pour bien fonctionner, de vastes propriétés, des terrains plats, sans ondulations.

Il n'en est pas de même du râteau à cheval, qui peut marcher à peu près partout, et rendre, même dans une exploitation de moyenne étendue, des services signalés pour ratisser les foins et réunir les épis, épars après l'enlèvement des céréales ; son prix est de 250 à 300 francs.

CHAPITRE V

Drainage des eaux nuisibles aux cultures.

L'humidité permanente du sol paralyse l'action des engrais; elle nuit à la germination et au développement des semences; elle compromet les récoltes et en diminue les qualités; elle empêche de donner en temps opportun les labours et les autres cultures; enfin, les mauvaises herbes pullulent dans les terrains humides.

Le cultivateur a donc le plus grand intérêt à se prémunir contre les graves conséquences d'une humidité permanente.

Pour assainir un terrain, il faut étudier avec soin d'où provient l'humidité qu'on lui reproche; elle est parfois due à des eaux sous-jacentes résultant de sources ou d'infiltrations; dans ce cas, il faut en rechercher les points de départ, et lorsqu'on les a trouvés, on réunit les divers filons à l'aide d'un fossé auquel on donne une pente suffisante pour écouler les eaux.

Les infiltrations peuvent avoir leur cause dans l'exhaussement du lit d'un cours d'eau voisin ou même dans la stagnation de l'eau des fossés qui environnent la pièce de terre. Dans ce cas, il faut ou exhausser le niveau du sol, ou creuser les fossés pour leur donner une pente suffisante et faciliter l'écoulement des eaux.

L'humidité permanente peut aussi provenir des eaux qui se fixent à la surface du sol à la suite d'inondations, de pluies abondantes ou de la fonte des neiges ; cette humidité suppose un terrain argileux imperméable à l'eau ; c'est par des fossés à ciel ouvert plus ou moins rapprochés, ou par des drainages, que l'on débarrasse les terres de cette humidité.

DRAINAGE.

Le *drainage* est l'art de débarrasser les terres de l'eau surabondante dont le séjour prolongé nuit au développement des plantes.

Primitivement, pour assainir un sol, on y creusait des fossés d'écoulement qu'on remplissait de fascines, de bois verts ou de pierres, à travers lesquels les eaux s'écoulaient. Ces fossés avaient une durée assez limitée : la boue et la terre ne tardaient pas à les combler.

L'impossibilité de se procurer des pierres et même du bois, le peu de durée de ces travaux dispendieux, ont engagé des hommes pratiques à rechercher le moyen d'obtenir des résultats plus avantageux.

Le drainage est né de ces recherches, et c'est en Angleterre qu'on a commencé à l'appliquer.

Le drainage, tel qu'on le pratique aujourd'hui, consiste à placer au fond de fossés plus ou moins profonds, plus ou moins rapprochés, des tuyaux en terre cuite de différentes dimensions, qui se joignent bout à bout et vont aboutir à un canal ou fossé placé à la partie la plus basse du terrain que l'on veut assainir, ou à d'autres tuyaux de plus grande dimension appelés *collecteurs*.

Les fossés doivent avoir autant que possible 1 mètre 25 centimètres de profondeur et être établis dans le sens de la plus grande pente du sol, à 10 ou 12 mètres les uns des autres.

Plus la pente est considérable, plus facilement les eaux s'écoulent; quand le terrain n'a point de pente naturelle, on la crée en donnant une moindre profondeur au fossé à son point de départ qu'à son point d'arrivée ; il faut que cette pente soit au moins de 2 millimètres par mètre.

Lorsqu'un drainage a été bien fait, les eaux des terrains placés à droite et à gauche du fossé s'infiltrent peu à peu dans les tuyaux et s'écoulent dans les collecteurs destinés à les recevoir ; de plus, l'air nécessaire à l'existence des végétaux, qui ne pénétrait dans le sol qu'à une faible profondeur, y arrive par toutes les branches des drains et donne une nouvelle vigueur aux racines des plantes.

Le diamètre intérieur des tuyaux de drainage varie de 3 à 5 centimètres ; ce modèle suffit pour une longueur de drains de 250 à 300 mètres.

Les drains collecteurs de 6 à 7 centimètres de diamètre peuvent recevoir les eaux de 2 à 3 hectares.

Le drainage est appelé *incomplet* ou *partiel* quand on s'est contenté de découvrir les eaux de source et de les conduire hors du champ.

Le drainage est dit *complet* ou *régulier* quand on l'a pratiqué régulièrement et d'après un plan uniforme, sur une surface donnée.

DRAINAGE A COULISSE ET A PIERRES.

On appelle *drainage à coulisse* celui qui consiste à creuser un fossé et à pratiquer dans le fond un canal en pierres sèches.

Le drainage en pierres, appelé en Savoie *sac de pierres*, consiste à combler avec des cailloux roulés, recueillis dans les rivières et dans les champs, les fossés ouverts pour assainir un champ.

Pour obtenir de ce drainage, plus spécialement appliqué dans nos campagnes, de bons résultats, il faut faire dans le fond du fossé un drain à coulisse, puis le couvrir de cailloux roulés jusqu'à 30 centimètres de la surface du sol et placer, entre

la terre qui la doit recouvrir, une couche d'herbe
sèche, de mousse, de feuilles, pour empêcher la
terre remuée de pénétrer dans les pierres.

AVANTAGES DU DRAINAGE.

Pour comprendre les avantages du drainage, il
faut se rappeler que, d'après Victor Rendu, l'air
nécessaire à l'existence des végétaux ne pénètre
naturellement dans le sol qu'à une faible profondeur. C'est par l'eau des pluies et des irrigations
que celle-ci arrive jusqu'à leurs racines.

Si le sol est sain, c'est-à-dire bien filtrant, l'air
se renouvelle à chaque pluie, à chaque irrigation.
Au contraire, s'il est trop compacte et retient l'humidité, les eaux nouvelles ne peuvent y pénétrer,
parce que la place est déjà prise; elles coulent ou
restent à la surface; il résulte de ce défaut que l'air
et l'eau contenus dans l'intérieur du sol remplissent imparfaitement leur rôle, soit comme agents
de nutrition, soit comme dissolvants de l'humus.

Le sol est constamment froid parce que l'eau,
par son évaporation incessante, lui enlève sa chaleur, et que les pluies chaudes de l'été ne peuvent
y pénétrer ni le réchauffer.

Les plantes souffrent d'autant plus que ces défauts sont plus prononcés.

Les labours, dans une pareille terre, sont difficiles et souvent imparfaits ; les récoltes y sont tardives et casuelles, parfois même réduites à des produits grossiers.

Ces considérations font comprendre l'importance du drainage dont nous avons résumé les principales règles.

Un drainage régulier coûte de 200 à 400 francs par hectare.

CHAPITRE VI.

Irrigations et arrosages.

L'irrigation a pour but : 1° de remédier à la sécheresse du terrain ; 2° de fournir aux plantes l'humidité dont elles ont besoin pour prospérer ; 3° et de leur apporter, dans certains cas, les substances destinées à leur nutrition.

Quand on veut former une prairie naturelle, il faut s'enquérir d'avance de la quantité, de la qualité et du niveau de l'eau dont on peut disposer ; il faut encore étudier la nature du sol, sa perméabilité, sa pente plus ou moins uniforme ; il faut enfin s'assurer de la possibilité de se débarrasser des eaux épuisées par leur passage sur la prairie.

Un hectare de pré exige, sous un climat chaud,

un décimètre de hauteur d'eau sur toute sa surface, ou 100 mètres cubes pour chaque arrosage.

En général, une eau qui dissout mal le savon
ou qui a un goût astringent, ne sera pas utile aux
prairies, si on ne peut la modifier; les eaux bat-
tues, celles qui contiennent du carbonate de
chaux, des sels de soude, de potasse, celles qui se
chargent sur leur passage de substances animales
ou végétales, sont de bonne qualité.

La source, le torrent ou la rivière, qui fournissent les eaux d'irrigation, doivent partir d'un niveau plus élevé que la prairie.

L'irrigation profite surtout aux sols sablonneux,
graveleux, et à tous les terrains naturellement perméables ou rendus tels par un drainage.

Toute eau stagnante engendre des carex, des
laiches et autres plantes marécageuses; il faut donc
enlever les eaux d'irrigation au fur et à mesure
qu'on s'en est servi.

Le terrain destiné à une prairie doit avoir une
pente; s'il n'en a pas, il faut la créer artificiellement.

L'eau amenée sur le point le plus élevé du pré
doit être uniformément répartie sur toute la surface.

L'arrosement du premier printemps n'est pas
toujours favorable, si le terrain n'est pas suffisamment réchauffé.

Dans les sols perméables, on peut sans inconvénient répéter les irrigations, à des époques assez rapprochées.

Dans les terrains argileux, il faut s'arrêter quand le sol est saturé et ne recommencer que lorsqu'il s'est de nouveau réchauffé.

Les eaux limoneuses ne doivent pas être employées quand déjà l'herbe a pris un certain développement, car elles la souillent, et la poussière qui s'y attache est nuisible aux animaux ; il faut au contraire s'en servir en automne et au printemps.

Les avantages des arrosages d'hiver dépendent de la qualité des eaux ; lorsqu'elles sont de source, elles produisent de bons effets; celles qui proviennent des torrents et des rivières sont souvent nuisibles.

SYSTÈME D'IRRIGATION.

On peut arroser une prairie par *infiltration*, par *immersion*, par *reprise d'eau*, par *submersion*, par *ados*, par *noria*.

Irrigation par infiltration. — Ce genre d'irrigation se pratique dans les cultures, dans les jardins et dans les prairies très-perméables. On l'applique avec une petite quantité d'eau qu'on dirige par des rigoles, à faible pente, ouvertes de distance en distance ; elle pénètre insensiblement dans le sol qu'elle humecte ; plus les rigoles sont rapprochées, plus le sol est vite saturé.

Irrigation par reprise d'eau. — Ce système d'arrosage est très-répandu en Savoie, dans les prairies en pente qui avoisinent les ruisseaux et les torrents descendant des montagnes.

Pour organiser cet arrosage, on ouvre une suite de rigoles à pente faible, qui recueillent les unes après les autres les eaux qui découlent des prairies supérieures.

Lorsqu'après deux ou trois reprises d'eau, le liquide se trouve dépourvu de substances fertilisantes, on le dirige dans un canal collecteur et on continue l'opération avec de l'eau prise à la source.

Irrigation par submersion et par immersion. — Ce système d'arrosage convient spécialement quand on a une prairie à pente presque insensible, et qu'on possède des eaux limoneuses en abondance.

Il consiste à établir de distance en distance, ordinairement de 50 en 50 mètres, de petites vannes qui retiennent les eaux ; quand la partie de la prairie la plus rapprochée de la prise d'eau est saturée, on ouvre la première vanne et on ferme la seconde, et ainsi de suite.

Irrigation par ados ou vosgienne. — Lorsqu'on n'a pas une pente suffisante pour pouvoir arroser les prairies et les débarrasser ensuite de la surabondance des eaux, on pratique les irrigations en ados.

Ces ados sont créés artificiellement en exhaussant le milieu de la prairie, pour lui donner à droite et à gauche une pente suffisante.

L'eau conduite sur l'ados se verse sur les deux côtés et s'écoule dans un fossé ou *saignée,* placé au point le plus bas.

Si la prairie est très-grande, on multiplie ces ados en laissant entre eux une distance de 10 à 100 mètres.

Irrigation par noria. — On appelle *noria* une roue à godets dont on se sert pour élever les eaux d'une rivière, d'une source ou d'un puits, et la porter à une élévation suffisante pour l'utiliser.

On se sert, pour obtenir ce résultat, de la force même du courant, quand il s'agit de prendre de l'eau courante ; mais si on veut utiliser de l'eau de puits ou de citerne, on établit un manége auquel on attelle ordinairement un âne ou un mulet.

La quantité d'eau montée dépend de la profondeur à laquelle il faut aller la puiser, de la grandeur des godets, de la force et de la rapidité du moteur ; elle n'est jamais considérable. Les meilleures norias sont à engrenages en fonte ; elles donnent huit fois plus d'eau dans le même laps de temps et à la même profondeur que les roues à godets en bois.

DES RIGOLES.

Les rigoles se divisent en :

Rigoles d'alimentation, c'est-à-dire qui prennent l'eau à son point de départ ; elles doivent toujours avoir une pente.

Rigoles à niveau. — Elles sont tracées au niveau d'eau sans pentes sensibles ; elles suivent par conséquent toutes les ondulations du terrain.

Rigoles à pentes déterminées. — Elles sont aussi tracées au moyen d'un niveau d'eau en lui donnant une pente déterminée à l'avance.

Rigoles d'égoutement. — La rigole d'égoutement a spécialement pour fonction de recueillir les eaux épuisées pour les conduire hors de la prairie.

Quand on procède à l'irrigation régulière d'une prairie, on doit se préoccuper du volume d'eau que chacun des fossés doit recevoir pour lui donner des proportions convenables.

Les rigoles d'alimentation et d'égoutement restent ordinairement au même endroit, on se contente de les nettoyer ; les autres, étant renouvelées à peu près tous les ans, le gazon de la nouvelle rigole sert à remplir l'ancienne.

Ces rigoles, dans les prairies d'une certaine étendue, se font au moyen d'une charrue spéciale ; dans les petites exploitations, c'est à la main qu'on les ouvre.

CHAPITRE VII.

Semis, Transplantations, Récolte, Conservation des Produits.

SEMIS.

Les règles générales relatives aux semis concernent :

1° *Le choix des semences.* — La semence doit provenir d'une plante robuste, exempte de maladie, arrivée à sa complète maturité ; il faut encore qu'elle soit de grosseur uniforme et exempte de tout mélange de plantes étrangères. C'est en faisant passer la semence au crible qu'on obtient la pureté et l'uniformité du grain.

Il existe un grand nombre de modèles de cribles à mains, cylindriques et à secousses; les deux meilleurs sont ceux de Pernollet, qui coûte 120 fr., et de Vachon, qui coûte de 200 à 300 fr.

2° *La durée de la faculté germinative des graines.* — Les graines ne conservent pas toutes la faculté de germer pendant le même laps de temps; la chaleur, l'humidité et surtout la fermentation leur enlèvent souvent la propriété de se reproduire.

En général, une semence nouvelle vaut mieux qu'une vieille.

3° *Changement de semence.* — Dans certains sols, sous certaines influences climatériques, les semences dégénèrent; on doit alors les changer et les demander aux localités où elles sont l'objet de soins particuliers, où elles acquièrent le plus de perfection.

4° *Quantité de semence à employer.* — La nature du sol, sa préparation, son état de fertilité, l'époque des semailles, la qualité de la graine, le mode de semaille, la nature de la plante, les cultures accessoires qu'on lui donnera, le temps qu'elle doit passer en terre, servent à déterminer la quantité de semence à employer sur une étendue donnée.

Plus le terrain est fécond et bien préparé, moins il faut de semence.

Plus le terrain est pauvre et mal préparé, plus il faut de semence.

Plus la semaille est faite de bonne heure, moins il faut de semence.

5° *Préparation de la semence.* — La nécessité de préserver le grain des maladies qui l'attaquent a fait rechercher les moyens de les combattre; c'est dans ce but qu'on chaule les blés, qu'on les praline, qu'on les sulfate.

La chaux vive et le sulfate de soude sont employés simultanément ou séparément à cet usage.

Pour sulfater un blé, on fait dissoudre quatre hectos de sulfate de soude dans deux ou trois litres d'eau pour en arroser un hectolitre de semence ; on remue en mouillant jusqu'à ce que tous les grains soient imbibés de cette dissolution.

On obtient encore de meilleurs résultats si, après cette première opération, on jette sur le grain mouillé un kilo de chaux en poudre.

6° *Epoque des semailles*. — Les graines semées en automne et au printemps ne doivent être mises en terre que lorsque le sol est bien ressuyé.

Il est des graines telles que celles de maïs, de haricot, d'orge, de sarrazin, qui demandent un sol déjà réchauffé ; d'autres, telles que le froment, l'avoine et le colza, lèvent mieux dans une terre fraîche.

En général, les terres argileuses doivent être ensemencées avant les sols sablonneux et calcaires, et moins la terre sera amendée, plus tôt il faudra semer.

Plus le climat est froid et humide, plus l'ensemencement doit être précoce pour les semailles d'hiver ; il faut aussi semer de bonne heure dans les pays sujets aux vents secs.

7° *Profondeur à laquelle la semence doit être enterrée*. — Plus le terrain est argileux, moins la semence doit être enterrée profondément ; c'est le contraire dans les terrains sablonneux.

Plus la saison et le climat sont chauds, plus la semence doit être enfouie bas ; on l'enterre superficiellement s'ils sont humides.

La semence doit être d'autant moins enterrée qu'elle met moins de temps à lever et qu'elle est plus menue.

Différentes manières de répandre la semence et de l'enterrer.

On sème toute espèce de graines à la volée ou au semoir.

Le semis à la volée est le plus usité, le plus répandu ; il demande de la part de l'opérateur une grande pratique pour varier son pas et son jet en proportion de la grosseur de la graine, de la quantité qu'il est nécessaire de semer sur une surface donnée.

Le semis au semoir est plus régulier, plus parfait ; il exige moins de semence et place les graines en lignes dans des conditions de profondeur et de recouvrement toutes spéciales ; mais il faut pour le pratiquer en grand un instrument dispendieux et un sol préparé avec le plus grand soin.

Divers modes de recouvrir la semence. — Le grain jeté sur le sol peut se recouvrir à la charrue : c'est ce qu'on appelle semer *sous raie*. On conserve cet usage dans les sols très-légers où il convient d'enterrer la semence à une certaine profondeur.

D'autres fois, on sème *sur raie*, c'est-à-dire sur un labour non hersé ; le plus souvent, enfin, on sème sur un terrain à peu près nivelé ; dans ces deux derniers cas, on enterre la semence à la herse.

TRANSPLANTATION.

La nécessité de hâter la venue d'une plante qui demande à être mise en terre tardivement et à être récoltée de bonne heure, comme le tabac, le colza, la betterave, etc., engage les cultivateurs à faire des pépinières dans des lieux abrités. Lorsque les plants ont pris un développement convenable on les transplante dans des terres préparées où ils doivent achever leur végétation.

La transplantation a l'avantage de concentrer les frais de première culture sur un espace restreint. d'économiser la dépense et de placer les semis dans d'excellentes conditions.

Pour que les plants enlevés des pépinières réussissent, il faut qu'ils aient eu un espace convenable pour se développer, qu'ils soient vigoureux et pourvus de fortes racines. On transplante soit à la charrue, soit au plantoir.

On transplante à la charrue les betteraves et les colzas en espaçant les plants sur la bande de terre renversée ; on donne ensuite un ou *plusieurs traits de charrue* avant de placer de nouveaux plants pour éloigner ou rapprocher plus ou moins les lignes les unes des autres.

En se servant du plantoir, on met les plants dans de bien meilleures conditions ; la terre es préalablement labourée, hersée et roulée ; puis on fait passer un rayonneur qui trace les lignes à la distance voulue. L'ouvrier enfonce l'instrument en terre, y place le plant contre lequel il tasse la terre.

Dans les pays·chauds et même dans les pays tempérés, si le temps est sec, il est convenable d'arroser pour assurer la reprise.

SOINS GÉNÉRAUX PENDANT LA VÉGÉTATION.

Pour hâter la croissance et favoriser le développement de certaines plantes, on leur donne des binages, des sarclages et des buttages.

Le *binage* a pour but d'ameublir le sol autour des plantes en végétation ; on bine à la herse, à la houe à cheval et à la main.

On bine à la houe les pommes de terre, pour faciliter leur levée ; on bine à la houe à cheval toutes les plantes cultivées en lignes assez distan-

cées pour que l'instrument puisse passer. Le binage
à la main est le plus parfait, c'est aussi le plus
dispendieux.

Le *sarclage* proprement dit consiste à détruire
avec les mains les mauvaises herbes qui croissent
parmi les plantes cultivées.

On doit pratiquer les sarclages de bonne heure
avant que les plantes aient pris un trop grand développement. On choisit de préférence un temps
frais, mais non humide. On sarcle toute espèce de
plantes herbacées ; on y revient aussi souvent que
c'est nécessaire.

Le *buttage* est une opération qui consiste à accumuler de la terre meuble au pied de certaines
plantes pour favoriser leur développement. On
pratique cette opération au buttoir à cheval et à la
main ; le premier mode, beaucoup plus expéditif
que le second, s'exécute aussi à de meilleures
conditions. On donne cette façon aussitôt que la
plante a assez de développement pour ne pas être
couverte par la terre qui s'accumule autour d'elle ;
c'est par un temps sec, quand le sol est complétement ressuyé, qu'on doit le pratiquer. On butte
les pommes de terre, le maïs, le sorgho, le tabac, etc.

RÉCOLTE ET CONSERVATION DES PRODUITS.

On comprend sous le nom de *récoltes* toutes les opérations qui ont pour objet de séparer les plantes du sol et de mettre leurs produits en état d'être emmagasinés.

Les plantes ne se récoltent pas toutes dans le même état : les céréales se moissonnent, lorsque leur maturité est complète ; les racines s'arrachent quand leurs produits souterrains ont acquis leur plus grand développement ; les fourrages se fauchent au moment de la floraison. Chacune de ces plantes réclame des soins particuliers, qui trouveront leur place dans le chapitre spécialement consacré à leur culture ; nous dirons seulement un mot du fauchage et du faucillage, de la dessication des récoltes, de la mise en meule et en grange, du battage, du nettoiement de la récolte et de sa conservation.

La Faux, la Faucille et la Sape.

Pour séparer les céréales du sol, on emploie la faux, la faucille ou la sape.

La *faucille* est l'instrument le plus anciennement connu ; si elle fait moins de travail que la faux et la sape, elle fatigue peu l'ouvrier ; on peut l'employer partout, les femmes et même les enfants savent s'en servir.

La faucille, quand elle est très-grande, reçoit le nom de *volant*, parce que celui qui la manœuvre coupe en frappant les tiges des céréales. La faucille est quelquefois à dents, d'autres fois à taillant continu ; avec la première on scie, avec la seconde on [coupe la poignée de chaume réunie dans la main gauche.

La *sape* tient de la faucille et de la faux ; elle se compose d'un crochet avec lequel l'ouvrier réunit les chaumes pour les couper avec une petite faux de forme particulière qu'il manœuvre de la main droite.

C'est en Flandre et dans le nord de la France qu'on se sert surtout de la sape. Habilement manœuvrée, elle fait deux fois plus de travail que la faucille.

La *faux* est, sans contredit, l'instrument de moisson qui opère avec le plus de rapidité ; toutefois, elle ne peut fonctionner dans les sols caillouteux, dans les terres labourées en billons, et lorsque la récolte est versée, sans perdre un de ses principaux avantages qui est de couper les chaumes très près de terre.

Avec la faucille on moissonne dans une journée de dix heures de 7 à 10 ares ; avec la sape, de 15 à 20 ares ; avec la faux, de 30 à 40 ares.

DESSICATION DES RÉCOLTES.

Les récoltes, pour être rentrées, doivent avoir perdu l'eau de végétation qu'elles avaient avant d'avoir été moisonnées.

Les *céréales* se déssèchent généralement en javelle : on les laisse étendues sur le sol en couche mince ; s'il vient à pleuvoir, on les retourne une ou plusieurs fois avant de les mettre en gerbes.

Dans les pays où l'on craint les pluies d'été, on forme de suite après la moisson, de petites gerbes ; puis on les dresse en cône ou en moyette, c'est-à-dire qu'on leur donne une disposition spéciale pour que le vent ne puisse les disperser et que la pluie ne pénètre pas jusqu'à l'épi.

· Les *fourrages des prairies naturelles* se dessèchent au contact de l'air. Pour accélérer cette dessication, on étend l'herbe coupée et on la retourne plusieurs fois dans la journée ; le soir on la réunit en meulons ; pendant la nuit il s'établit une légère fermentation. Le lendemain, quand le soleil a fait disparaître les dernières traces de rosée, on étend ces meulons, et, si le temps est favorable, on peut rentrer le foin le soir.

Les *fourrages artificiels* sont pourvus de feuilles qui en forment la meilleure partie ; ces feuilles, lorsqu'elles sont trop souvent remuées, se séparent de la tige et se brisent. Pour éviter cet inconvénient, on les laisse en andains, et lorsque la dessication s'en est faite, on les retourne avec une perche. On les met ensuite en meulons et on les rentre le plus tôt possible.

Mise en meule ou en grange.

Dans la plupart des exploitations, les fenils et les gerbiers sont insuffisants pour loger toute une récolte de foin ou de céréales ; on y supplée par des meules.

Il faut placer les meules à proximité de la ferme, sur un terrain sec, à l'abri de l'invasion des eaux ; ces meules sont *continues* ou *isolées*.

Les unes et les autres sont assises sur un bâti en bois fixe, ou sur une rangée de fascines qui les isole du sol.

On procure à ces meules une solidité à toute épreuve en reliant entre elles les couches superposées de foin ou de paille.

On met les meules à l'abri des intempéries des saisons en donnant à leur partie supérieure la forme d'un toit à deux pans que l'on recouvre d'un léger toit de chaume, en logeant régulièrement la tête d'une quantité de petites javelles de seigle dans l'épaisseur de la meule, la partie qui reste en dehors forme la couverture.

Il n'est possible de mettre les céréales en meules que lorsqu'on récolte le blé en petites gerbes à un lien.

Le foin et les céréales ne doivent être rentrés que lorsque la dessication est complète ; il est aussi très-important de les arranger de manière à ne laisser aucun vide pour que, lorsque la fermentation s'établit, elle n'occasionne pas de moisissure.

Battage des céréales.

On égrène les céréales au fléau, par le dépiquage au rouleau et à la machine à battre.

Battage au fléau. — Le *fléau* est le plus ancien instrument connu pour séparer le grain de la paille ; ce procédé d'égrenage a l'avantage de pouvoir se pratiquer en toute saison et de ne pas briser la paille ; il a l'inconvénient d'opérer lentement et d'une manière incomplète. Le fléau n'est plus utilisé aujourd'hui que dans la petite culture.

Dépiquage. — On se sert de chevaux ou de mulets pour *dépiquer* les céréales. Ces animaux les égrènent en les foulant aux pieds. Ce système exclusivement employé, il y a un demi-siècle, dans les contrées méridionales, avait l'inconvénient de livrer le cultivateur au caprice des entrepreneurs de ce genre de travail, qui ne pouvait se faire qu'en plein air, et d'être très-dispendieux. Le dépiquage est remplacé depuis quelque temps par le rouleau en pierre, légèrement conique, mis en mouvement par des bœufs, des chevaux ou une roue hydraulique.

Pour accélérer le travail, on place un ou plusieurs rouleaux à la suite les uns des autres ; le battage s'opère ainsi dans de bonnes conditions.

L'emploi *d'une machine* à battre est, sans contredit, le moyen le plus rapide et le plus économique de séparer le grain du chaume ; aussi tend-il à remplacer les divers modes d'égrenage des céréales indiqués ci-dessus.

Nettoiement de la récolte.

Les Romains débarrassaient le grain de son enveloppe et des matières terreuses qui s'y trouvaient mélangées en le jetant contre le vent : cette pratique est encore en usage dans les pays méridionaux.

Généralement, on se sert du *van à bras* qui opère lentement, ou du tarare qui débarrasse rapidement une grande quantité de grains des enveloppes, de la terre ainsi que d'une partie des mauvaises graines qu'ils contiennent.

Lorsqu'on veut avoir un grain parfaitement pur, on le fait passer au crible après le vannage.

Conservation des céréales.

On conserve les céréales dans des greniers.

Le grenier doit être très-sec; le sous-pied sur lequel on verse le grain sera construit en bois et non en briques.

Les murs seront soigneusement crépis; les fenêtres seront garnies de toile métallique, pour que les souris et les oiseaux ne puissent y pénétrer.

Le grain nouveau doit être étendu en petites couches. Quand il est sec, on augmente l'épaisseur de la couche, ou on le renferme dans des coffres ou dans des sacs.

Il faut souvent visiter et remuer les céréales entassées pour empêcher qu'elles ne s'échauffent.

Les graines oléagineuses, étant plus sujettes à s'échauffer que les céréales. demandent à être maintenues plus longtemps en couches de 5 à 10 centimètres d'épaisseur.

CHAPITRE VIII.

Moyen d'améliorer les terres. Défrichement, Épierrement.

Défricher, c'est mettre en état de culture, soit un terrain abandonné et improductif, soit un bois, un pâturage ou une vieille prairie.

Les défrichements de pâturages, de bois et même de broussailles, doivent être entrepris avec beaucoup de prudence dans les coteaux, sur les pentes, le long des torrents ; souvent les racines des arbres et des arbustes préservent ces terres de la corrosion des eaux ; privées de cet appui par la culture, elles ne tarderaient pas à se désagréger et à couler dans le fond du vallon.

Les défrichements ne doivent donc être appliqués aux bois que lorsqu'ils reposent sur un fond plat, susceptible par sa nature et ses qualités de produire avantageusement des céréales et des fourrages.

DÉFRICHEMENT DES BOIS.

On défriche un bois à la pioche ou à la charrue ; dans l'un et l'autre cas, ce travail est assez dispendieux, car, comme il s'agit de faire disparaître les souches et les racines qui entravent la marche de la charrue ou de tout autre instrument de culture, on doit défoncer profondément le sol.

Quand on défonce à la main, le nivellement du sol se pratique au fur et à mesure qu'on opère ; mais si l'on se sert de la charrue défonceuse *Bonnet* ou de toute autre, on doit faire ce travail à part, aussitôt qu'on a débarrassé le terrain des souches et des racines ramenées à sa surface. Ces nivellements se pratiquent, selon leur importance, au moyen de la *pelle à cheval* ou ravale dont nous avons parlé, ou à la pelle à main et à la brouette.

DÉFRICHEMENT DES PRÉS.

Le défrichement des pâturages et des prés se fait beaucoup plus économiquement : il ne s'agit, en effet, que de remuer profondément une couche de terre qui depuis longtemps ne l'a pas été. On obtient ce résultat en donnant avant l'hiver un labour profond suivi d'un trait de défonceuse, ou même, si la couche arable est profonde, deux traits de charrue successifs.

Les terrains défrichés sont riches en matières végétales, en humus cumulé à la surface du so ; on peut donc s'exempter d'y mettre de l'engrais la première et même la seconde année, mais il ne faut pas les épuiser complétement.

Ordinairement on donne au défrichement un

léger chaulage ; d'autres fois on répand sur l'avoine semée la première année 500 ou 600 kilos de noir animalisé ; quand on ne peut se procurer ni l'un ni l'autre de ces deux amendements, on fait des écobuages partiels dont on répand la cendre sur le premier labour.

L'avoine, le sarrasin, le seigle, le colza, la navette, la pomme de terre et le trèfle incarnat, sont les plantes qui réussissent le mieux sur un défrichement.

ÉPIERREMENT.

Epierrer un sol, c'est le débarrasser des pierres dont il est encombré.

On épierre pour donner plus de fraîcheur, plus de consistance au terrain ; on épierre pour faciliter la marche de la charrue ; enfin, pour rendre praticable le travail de la faux.

C'est dans la morte saison, en hiver, à l'aide de femmes ou d'enfants, que l'on met en tas les pierres de grosseur ordinaire ; c'est à la même époque que l'on fait sauter au coin ou à la mine les rochers ou les blocs erratiques implantés dans les champs.

Ces pierres sont le plus souvent utilisées pour des constructions pour faire des clôtures, des drainages ou combler des bas-fonds.

CHAPITRE IX.

Clôtures, Chemins vicinaux, Voitures, Constructions rurales.

CLÔTURES.

Clore une propriété, un champ, un jardin, c'est empêcher, d'une manière quelconque, d'y pénétrer librement.

Les clôtures sauvegardent les intérêts de la propriété, mais il n'est pas toujours possible d'en établir partout ; et s'il est indispensable de clore un jardin, une prairie pâturée où les animaux restent nuit et jour, on peut s'exempter de le faire dans bien d'autres circonstances.

Il y a plusieurs sortes de clôtures : les *murailles*, les *fossés* et les *haies*.

On entoure de murs les jardins, les parcs, les pièces de terre longeant les chemins, souvent parcourues par le bétail.

Ces murs sont en moellons à bain de mortier, en pierres sèches, en terre ou pisé, en plaques de gazons ou en torchis, espèce de mortier fait avec de la terre argileuse mêlée à de la paille longue ou à des leiches.

Clôtures en fossés. — Ces clôtures sont formées d'excavations longitudinales plus ou moins larges, plus ou moins profondes, dont on environne une propriété. On donne à ces fossés toute sorte de formes, de largeur et de profondeur, selon le but qu'on se propose en les établissant ; quelquefois ils sont doubles, c'est-à-dire composés de deux fossés parallèles ; d'autres fois, ils sont revêtus en maçonnerie d'un seul côté ou des deux côtés ; souvent, sur la relevée de terre, on plante des arbustes en haie.

La *haie* est le genre de clôture le plus répandu dans la campagne. Les haies appelées sèches ou mortes, affectent toute sorte de formes, et se construisent avec toute espèce de bois tendre ou dur ; ces haies sont d'un entretien dispendieux ; c'est pour cela qu'on leur préfère les haies vives.

Les *haies vives* ont pour objet, comme les murailles et les fossés, de défendre l'entrée des propriétés rurales aux hommes et aux animaux.

Ces clôtures sont ordinairement formées d'aubépine ou de prunellier.

Ces haies sont plantées à un rang ou à deux rangs, dans une terre soigneusement défoncée.

Les plants sont mis en place à 15 centimètres les uns des autres dans la ligne, lorsque la plantation est à deux rangs ; on les rapproche davantage si on n'en met qu'un.

Rarement on laisse croître ces haies en toute

liberté ; ordinairement on les taille en forme de mur, et tous les ans, en mai ou en août, on allonge de quelques centimètres la taille, pour élever la haie sans la dégarnir.

On fait aussi des clôtures avec d'autres arbres et arbustes, tels que l'acacia, le charme, le chêne, le hêtre, l'orme, l'érable sylvestre, le merisier, le buis, le houx ; seulement on leur donne un plus grand développement.

CHEMINS.

Les chemins ruraux et les chemins d'exploitation comprennent tous ceux dont l'entretien incombe aux intéressés, aux agriculteurs qui en font usage, qui les parcourent journellement ; c'est à ce titre qu'il convient de dire un mot des moyens de les maintenir en bon état.

Un chemin d'exploitation doit avoir une pente modérée, une largeur suffisante pour que deux voitures puissent s'y rencontrer sans inconvénient ; il doit être pourvu de fossés latéraux pour recevoir les eaux et les écouler. S'il est plat, les eaux s'y arrêtent, s'y fixent, détrempent le sol, et, lorsqu'il est parcouru dans cet état par une voiture chargée, il s'y forme des ornières profondes. Pour éviter cet inconvénient, on bombe, c'est-à-dire qu'on surélève le milieu, en dirigeant la pente à droite et à gauche ; toutefois, pour que les eaux ne s'y arrêtent pas, il faut faire suivre le bombement du tassement.

Selon que la première de ces opérations a été faite avec de la terre, des graviers de rivière ou des pierres de champ cassées, le poids du rouleau qui les tasse doit être plus ou moins considérable.

Une fois que les chemins ont été mis dans cet état, il suffit, pour les entretenir, de nettoyer les rigoles, afin que l'eau s'écoule rapidement, et de recharger de temps à autre la route de graviers.

VOITURES.

Selon l'état des routes que l'on doit parcourir, selon l'espèce d'animaux employés, les terres, les engrais, les récoltes sont transportés de la ferme au champ, et du champ au lieu où on les abrite, à dos d'hommes ou d'animaux, au moyen de charrettes, de chariots ou de tombereaux.

On transporte les denrées, à dos d'hommes ou d'animaux, dans les localités où le peu de largeur et la pente des chemins ne permettent pas de se servir d'un chariot.

En Savoie, et dans tous les pays de montagne, une grande partie des transports de terre et d'engrais se font à dos d'homme, au moyen de hottes appelées *casse-cou*, et à dos d'âne et de mulet, au moyen de bennes de bois ou de toile, placées des deux côtés du bas.

On appelle charrette une voiture à deux roues. On s'en sert surtout dans le Midi de la France, sur les routes qui présentent peu d'obstacles à surmonter. Les charrettes d'un plus petit modèle sont aussi employées dans les contrées montueuses.

Les chariots sont des voitures à quatre roues ; leur longueur, la forme de leurs accessoires varient à l'infini ; mais c'est le véritable véhicule de l'agriculteur, parce que l'on peut y atteler toute espèce d'animaux.

Le chariot est, du reste, plus facile à charger, à équilibrer, que lacharrette ; il a plus de stabilité. Si un obstacle se présente devant l'une des roues, les trois autres soutiennent la charge, pendant que celle qui est engagée surmonte l'obstacle.

Le tombereau est aussi un instrument de transport, à deux ou à quatre roues, plus spécialement destiné au transport des matières friables, de la terre, des engrais consommés, etc.; celui à quatre roues, qui a reçu le nom de *chariot-tombereau*, est peu répandu.

CONSTRUCTIONS RURALES.

On comprend, sous le nom de constructions rurales, tout ce qui est relatif au logement du personnel d'une exploitation, ainsi qu'à celui des animaux et des récoltes.

Ces constructions doivent, autant que possible, être placées au centre du domaine, sur un point sain, sec, légèrement surélevé, à proximité d'un cours d'eau ou d'une source d'eau potable.

La direction des vents, l'exposition, l'orientation, sont à prendre en sérieuse considération.

Il faut que les bâtiments soient d'une étendue suffisante, en rapport avec la surface du domaine, la nature des cultures, le nombre et l'espèce d'animaux, et les industries agricoles qui sont jointes à l'exploitation.

De vastes cours doivent être ménagées, au centre des constructions, pour le service intérieur, l'entrepôt des engrais et la libre circulation des animaux.

Telles sont les conditions générales dont l'agriculteur doit s'inspirer lorsqu'il veut construire des bâtiments ruraux. Il appartient à l'ingénieur agricole d'en dresser le plan, et de calculer les dimensions de chacune de leurs parties.

Nous croyons cependant devoir indiquer, d'une manière générale, les conditions que l'on doit s'appliquer à réaliser dans la construction ou la réfection d'une écurie ou d'une étable.

Il doit exister un rapport constant entre la grandeur, la hauteur, l'aération des étables et le nombre de têtes de bétail qu'on y loge ; elles doivent être convenablement éclairées, placées sur un fond sec, un peu élevé au-dessus du sol, et ne jamais s'appuyer contre un terrain supérieur.

Une bonne étable ne doit pas avoir moins de trois mètres en hauteur, ni plus de quatre, pour que les animaux jouissent d'une température égale, suffisamment élevée.

Le plancher supérieur doit être plafonné ou voûté, pour préserver les fourrages des émanations humides de l'étable, et pour que la poussière du fenil, placé au-dessus, ne tombe pas sur le bétail.

Le sol de l'étable ne doit pas être en terre, qui, quelque battue qu'elle soit, absorbe toujours l'urine, et devient fangeuse.

Le sous-pied le plus convenable se fait en dalles, en briques, ou simplement en pavé, sur lequel on verse un bain de ciment.

Ce sous-pied doit être élevé de 10 centimètres au-dessus du corridor, et avoir une pente de un à deux centimètres par mètre, afin de favoriser l'écoulement des eaux, dans une rigole peu profonde, qu'il est indispensable d'établir derrière les animaux.

L'auge ou crèche doit être peu élevée, peu profonde et à fond arrondi.

Le râtelier placé au-dessus doit être posé de manière que les débris du foin, que l'on donne aux animaux, ne tombent pas en dehors de cette auge.

Une bonne étable doit être assez vaste ; chaque tête de gros bétail exige un espace de 2 m. 70 c. de longueur en dehors de l'auge, qui en a 0 m. 50, et 1 m. 33 de largeur.

Il faut, en outre, derrière les animaux, un passage de 2 mètres pour les étables doubles, et de 1 m. 33 c. pour les étables à une seule rangée.

Toutes les fois que la disposition des bâtiments le permet, il doit y avoir des portes aux deux extrémités du passage, pour faciliter l'apport des aliments et le nettoiement des étables.

On se trouve bien de diviser ces portes en deux, dans le sens de la hauteur ; en ouvrant la partie supérieure, il s'établit une ventilation sans danger pour les animaux. Ces portes n'empêchent pas la construction de fenêtres pour laisser pénétrer en tout temps l'air et la lumière.

CHAPITRE X
Céréales.

GÉNÉRALITÉS SUR LES CÉRÉALES.

On distingue, sous le nom de céréales, le *froment*, le *seigle*, l'*orge*, l'*avoine*, le *maïs*, le *sarrasin*, le *millet* et le *sorgho*.

Les céréales sont annuelles ou bisannuelles, c'est-à-dire qu'on les sème en automne ou au printemps, pour les récolter l'été suivant, de juillet à août.

Un grain de blé, confié à une terre bien préparée et convenablement fraîche, se gonfle ; l'embryon perce ses enveloppes, et, vers le cinquième jour, une petite tigelle tourne sa pointe vers la surface du sol, tandis que la radicule se dirige dans le sens opposé ; la tigelle croît peu à peu, et donne naissance à une tige qui s'allonge en développant des feuilles ; elle porte à son sommet des fleurs, qui plus tard font place aux grains contenus dans un épi.

Chaque graine a une enveloppe appelée *balle* ; on la bat pour l'en faire sortir.

Les céréales ont la propriété de *taller*, c'est-à-dire que leur collet émet de nouvelles racines, et donne naissance à de nouvelles tiges ; pour faciliter le tallement, on fait passer le rouleau au printemps, afin de contrarier la croissance verticale de la tige, et de tasser la terre meuble contre le collet de la plante.

Les céréales croissent et mûrissent dans la plupart des terrains, sous des climats et à des altitudes très-variées.

Les céréales contiennent, en proportions variables, deux substances essentielles pour l'alimentation de l'homme : le *gluten* et l'*amidon* ; c'est la quantité de gluten qui détermine leur valeur nutritive.

Les céréales lèvent plus ou moins vite, selon la saison ; plus elles sont vigoureuses, plus elles émettent de pousses latérales, et mieux elles résistent aux rigueurs de l'hiver.

Dans les sols humides, le gel et le dégel succesifs soulèvent les plantes, et en mettent les racines à nu : c'est ce qu'on appelle déchausser ; on en prévient les conséquences fâcheuses en roulant les blés au printemps.

Les céréales sont exposées, pendant leur végétation, à la *verse*, à la *coulure*, au *cépage*, au *charbon*, à la *carie*, à la *rouille*, au *miellat* et à l'*ergot de seigle*.

La *verse* est occasionnée : 1° par des semailles

trop épaisses, qui font que la tige s'allonge sans se fortifier ; 2° par une trop grande fécondité du sol, ou par une fumure trop énergique qui produit le même effet.

On préserve les céréales de la verse en les faisant pâturer au printemps, ou en les *épamprant*, c'est-à-dire en coupant les pousses vertes avant la montée de l'épi.

La *coulure* des fleurs est due aux pluies prolongées, qui contrarient l'acte de la fécondation.

Le *cépage* ou *nielle* est dû aux brouillards qui règnent, au moment de la maturité des grains, le long des fleuves, dans certaines vallées ; il a pour effet de noircir le chaume et de hâter la maturité incomplète du grain. Les localités qui ont à craindre le cépage doivent semer exclusivement des blés barbus ; ils résistent mieux à l'action des brouillards.

Le *charbon* est occasionné par un champignon qui attaque le grain avant sa complète maturité, le remplit d'une poussiere noire, inodore et le détruit entièrement.

La *carie* est aussi due à un champignon qui qui décompose la farine et la change en une substance noire et fétide ; elle est héréditaire. Nous avons indiqué, en parlant de la préparation des semences, comment on combat ces deux maladies.

On attribue la *rouille* à un champignon qui envahit les feuilles vertes des céréales, les couvre d'une poussière rouge et vit à leurs dépens.

Le *miellat* est une espèce de liqueur sucrée, qui apparaît à la surface herbacée des plantes, et nuit à leur développement ; on l'attribue aux brusques changements de température.

L'*ergot de seigle* est produit par la transformation d'une partie des grains de seigle en une matière cornée, qui, par sa forme, ressemble à des ergots de coq ; c'est sous l'influence d'une humidité continue que se développe cette maladie, qui n'attaque que le seigle.

FROMENT.

Le froment forme la base de l'alimentation de l'homme ; c'est la plus importante des céréales.

On connaît un grand nombre de variétés de froment ; toutes se rapportent à deux grandes classes désignées sous le nom de blés tendres et blés durs, ou encore blés barbus et blés sans barbes.

Ces variétés ne sont pas fixes ; elles se modifient souvent avec les conditions culturales qui les environnent.

Les sols consistants et frais, les terrains argilo-calcaires, riches en humus, sont ceux qui conviennent particulièrement au froment.

Dans l'assolement triennal, on place le froment après la jachère plusieurs fois labourée et fumée ; dans les cultures alternées on le sème, sur un seul labour, après les racines, le trèfle, le maïs ; après le colza, les pois, les fèves et les vesces, il en reçoit ordinairement deux. Sur les défrichements de luzerne, de sainfoin, le sol doit être préparé par plusieurs labours.

Dans les terrains forts, il est bon de ne semer que quinze ou vingt jours après le dernier labour.

Le choix des semences est de la plus haute importance, pour avoir une récolte abondante et de bonne qualité ; nous avons indiqué ailleurs les moyens de se la procurer, et la préparation qu'on doit lui faire subir pour la préserver des maladies qui attaquent les céréales ; nous n'y reviendrons pas.

On sème le froment, en France, à la volée et rarement au semoir à cheval, du 15 septembre au 15 décembre, à la quantité moyenne de deux hectolitres par hectare. Le recouvrement se pratique à la charrue, à la herse ou au scarificateur, sur raie ou sous raie.

Selon la nature des terres, l'état du sol et le développement herbacé des blés au sortir de l'hiver, on leur donne un léger hersage, on les roule, ou l'on épampre une partie des tiges qui ont une

7

végétation trop luxuriante. Lorsque les champs de blé sont 'envahis par les mauvaises herbes, on les en débarrasse, soit en les arrachant à la main, soit en les sarclant.

La récolte du froment se fait, du 15 juillet au 15 août, à la faucille, à la faux ou avec une machine à moissonner.

Les froments destinés à fournir la semence sont laissés sur le champ jusqu'à la complète maturité. Les blés pour la mouture se récoltent les premiers, lorsque les épis sont encore un peu verts ; ils acquièrent, coupés à cet état, plus de qualité pour la vente.

Le rendement d'un hectare de froment varie de 10 à 45 hectolitres par hectare, la moyenne est de 19 hectolitres ; le poids d'un hectolitre de blé varie entre 74 et 80 kilos ; le rendement en paille est en général de deux fois le poids du grain.

Froment de printemps. — Le blé de printemps ne se cultive que dans les conditions exceptionnelles où celui d'automne ne peut prospérer, ou encore quand il s'agit de remplacer une récolte détruite par des inondations. Cette variété de blé exige un terrain bien préparé, convenablement amendé ; elle ne demande pas un sol aussi fort que celle d'automne. On sème ce blé plus épais que celui d'automne, deux hectolitres et demi par hectare sont nécessaires. Sa réussite dépend de l'état plus ou moins humide de l'été. Son rendement est toujours moindre que celui du froment d'hiver.

Epeautre. — L'épeautre est un froment qui, comme l'orge et le riz, a une enveloppe adhèrant au grain ; cette enveloppe, pour être détachée, doit passer sous une meule. L'épeautre est à grain rouge ou à grain blanc, barbu ou sans barbe ; le premier est préféré.

L'épeautre est beaucoup plus rustique que le froment ordinaire ; il vient sous un climat plus rigoureux, dans un sol moins bien préparé. On lui donne les mêmes soins de culture qu'au blé ordinaire.

SEIGLE.

Le seigle, dont on ne connaît qu'une seule espèce, est la céréale qui convient le mieux aux terrains sablonneux ou nouvellement défrichés. On cultive cette céréale, qui est moins exigeante, moins épuisante, et qui enherbe moins le sol que le froment, dans les terrains où le blé ne donne pas un produit rémunérateur.

Le seigle demande à être semé de bonne heure, dans un terrain bien ameubli.

C'est du 1er septembre au 15 octobre qu'on le

sème à la volée, sur un labour précédé d'un déchaumage.

Le seigle demande à être enfoui peu profondément, à la herse, l'enfouissement doit être suivi
d'un tour de rouleau.

Le seigle talle avant l'hiver ; si ses racines ont
été déchaussées, on roule vers la fin de février ou
les premiers jours de mars.

Le seigle craint les gelées tardives et les pluies
qui entravent sa floraison ; on le récolte à la faucille ou à la faux, dans un état de maturité complète.

On moissonne le seigle du 15 juin au 15 juillet.

Le seigle, dans l'assolement quinquennal de la
Savoie, se place après le froment de la quatrième
année, qui a succédé au trèfle.

On sème le seigle à raison de 180 à 200 litres
par hectare ; le rendement varie de 10 à 35 hectolitres ; son poids est de 68 à 72 kilos ; celui de la
paille est de deux fois et demie à trois fois celui du
grain.

Seigle de mars. — Le seigle de mars se sème
plus épais, rend moins en grain et se récolte un
peu plus tard que le seigle d'automne ; son grain
est plus mince et plus allongé.

Dans les pays où l'on cultive la vigne, la paille
de seigle est très-recherchée pour en attacher les

pampres ; on l'utilise aussi pour des liens de gerbes, pour faire des paillassons et des toits de chaume.

Le seigle se sème souvent comme fourrage vert.

MÉTEIL.

On appelle méteil un mélange de froment et de seigle. Ce mélange se place dans les terrains qui ne sont pas assez bien préparés pour porter du froment pur.

On augmente la proportion de seigle ou de froment, selon l'état du sol dans lequel on veut le semer.

Le méteil se sème plus tôt que le blé ; sa culture est la même ; le rendement est plus assuré et plus considérable que celui du seigle.

ORGE.

On distingue deux espèces principales d'orge cultivées en France.

L'*orge à six rangs* ou *escourgeon*, qui se sème avant l'hiver, et l'*orge distique* ou *pamelle* à deux rangs, qu'on sème au printemps, et qui est plus spécialement employée à la fabrication de la bière.

L'*orge nampto* est une variété vigoureuse et productive de l'orge à six rangs ; elle donne un grain propre à la panification.

L'orge demande une terre douce, légèrement calcaire, bien ameublie et exempte de mauvaises herbes. Les engrais décomposés lui conviennent particulièrement.

L'orge doit être semée de bonne heure, surtout si le sol est sec; elle craint la gelée.

On sème l'orge à raison de deux à trois hectolitres par hectare, sur un labour suivi d'un hersage et d'un roulage.

L'orge est la céréale qui mûrit le plus tôt ; elle demande à être récoltée sans retard, parce qu'elle s'égrène facilement. On la moissonne à la faucille ou à la faux.

Le rendement de l'orge varie de 15 à 45 hectolitres par hectare ; le poids de l'hectare est de 65 kilos. La paille, qui est de médiocre qualité, représente une fois et demie le poids du grain.

AVOINE.

L'avoine est sans contredit la moins exigeante des céréales ; elle se plaît dans les terrains nouvellement défrichés, dans les terrains tourbeux et généralement dans tous les sols, sauf ceux qui craignent la sécheresse.

On distingue plusieurs variétés d'avoine, qu'on sème en automne ou au printemps, telles que l'avoine commune, l'avoine unilatérale ou de

Hongrie, l'avoine noire, l'avoine grise, la blanche.

L'avoine ne donne des produits considérables que lorsqu'elle se trouve placée dans un sol bien fumé, bien préparé, frais, et de consistance moyenne, ou sur un défrichement de prairie.

L'avoine d'hiver se sème du 15 septembre au 1er octobre ; l'avoine de printemps, de février à mars, après un seul labour ; dans les terres fortes et argileuses, il est nécessaire de préparer le terrain par plusieurs labours.

On sème l'avoine à raison de 250 litres par hectare ; on l'enfouit au scarificateur ou à la herse ; plus tard, quand elle est levée, on lui donne toujours un roulage pour la faire taller.

L'avoine se moissonne de bonne heure, à la faucille ou à la faux ; sa maturité inégale oblige souvent le cultivateur à la laisser sur le sol plus longtemps qu'il ne le voudrait, car elle s'égrène facilement.

Dans les bonnes terres, on obtient de 35 à 45 hectolitres par hectare ; la moyenne du rendement est de 25 hectolitres, pesant de 45 à 50 kilos. La paille pèse une fois et demie à deux fois le poids du grain.

MAÏS.

Les principales variétés de maïs cultivées sont : le gros maïs jaune, le gros maïs blanc, le quarantain, le maïs à bec ; ces deux derniers mûrissent dans trois ou quatre mois.

Le maïs se plait dans les terrains d'alluvion, dans les terrains argilo-calcaires profonds et riches.

Dans les pays froids, il faut placer le maïs dans les terres chaudes abritées ; il ne réussit pas dans le nord de la France.

Bien que le maïs soit cons:déré comme une plante sarclée, il succède indifféremment à toute espèce de plantes ; il forme une médiocre préparation pour le froment.

Les terres destinées à porter du maïs doivent être profondément labourées et fortement fumées ; le maïs ne craint pas l'engrais frais.

On sème le maïs aussitôt que tout danger de gelée tardive a passé ; c'est ordinairement du 15 avril à la fin de mai.

Le maïs se sème en lignes distantes de 70 à 80 centimètres : à la charrue, au semoir, en poquet, ou à la volée.

A la charrue, il est à craindre qu'enterré trop profondément, le maïs ne lève pas.

Quand on emploie le semoir, il faut que le terrain soit bien émietté. Il est difficile de faire manœuvrer cet instrument dans les terres fortes.

Le poquet, ou trou creusé à la houe à main, n'a qu'un inconvénient : le travail est long et dispendieux, mais c'est le système le meilleur et le plus répandu dans la petite culture.

Le semis à la volée ne permet de faire fonctionner aucun des instruments économiques, tels que la houe et le buttoir.

Le maïs demande à être enterré peu profondément ; un tour de rouleau dans les terres légères favorise sa germination.

Peu après la levée, on donne un sarclage à la main, et on enlève les plantes les moins fortes, en ne laissant qu'un seul pied à chaque place. Quand la plante a de 30 à 35 centimètres de hauteur, on lui donne un premier buttage; on recommence la même opération quinze jours après.

Ces divers buttages se font à la main ou au buttoir ; ils ont pour effet de favoriser le développement de nouvelles racines et de fortifier le pied pour qu'il résiste aux coups de vent et donne de plus beaux fruits.

Dans les climats tempérés, lorsque la floraison est terminée, on coupe la tige au-dessus de l'épi ; cet écimage procure du fourrage vert pour le bétail et facilite la maturité des épis.

Dans les années pluvieuses, le maïs est sujet au charbon : c'est une maladie qui détruit le grain et transforme l'épi en une matière noirâtre formant des excroissances monstrueuses ; il est aussi attaqué dans sa première végétation par un ver qui se loge dans la partie médullaire et coupe la tige. On n'a pas trouvé de remèdes contre ces deux maladies.

Le maïs se récolte lorsque les spathes ou tuniques qui recouvrent l'épi deviennent blanches, s'entr'ouvrent et laissent apercevoir le grain.

Le maïs détaché de la tige demande à être séché avec soin; dans les pays de petite culture, on retrousse la tunique et on lie ensemble plusieurs épis qu'on accroche dans un lieu abrité ; dans les contrées les moins favorisées, on sèche l'épi au four.

L'épi du maïs n'est égrené que lorsqu'il est parfaitement sec.

On bat le maïs à la grange en le frappant au fléau. Dans les petits domaines, on se sert du coupant d'une bêche sur lequel on passe successivement les épis ; enfin, rarement on utilise l'égrenoir à maïs.

En Savoie, on plante dans le maïs des haricots nains qu'on récolte quelque temps avant lui.

On sème de 65 à 70 litres de maïs par hectare ; le rendement varie de 21 à 60 hectolitres ; la moyenne est de 25.

Toutes les parties du maïs sont utilisées : les feuilles séparées des tiges sont consommées par le bétail ; les tiges hachées sont aussi consommées, mais le plus souvent on les jette à la litière ; les spathes qui couvrent l'épi, séparées, triées et séchées, forment d'excellents lits ; enfin, le grain mêlé à d'autres céréales sert à faire du pain, ou des bouillies qui se consomment sous vingt formes différentes.

Le maïs semé pour fourrage vert donne les meilleurs résultats dans le centre et le midi de la France.

MILLET.

On connaît deux espèces de millet : le millet à grappes et le millet à panicule. Ce dernier est cultivé pour son grain, le premier pour son fourrage.

Le millet occupe une bien petite place dans les cultures de la France ; il est, du reste, assez exigeant sous le rapport de la qualité et de la préparation du sol.

Il faut au millet une terre propre, plutôt légère, un sable gras d'alluvion ; on le sème à la volée, à raison de 30 à 35 litres par hectare ; on le récolte quand la plupart de ses graines sont mûres ; il se coupe à la faucille.

Le millet se sème de bonne heure, aussitôt que les gelées ne sont plus à craindre ; on lui donne un ou plusieurs binages.

C'est dans la seconde quinzaine d'août qu'on récolte le millet, en coupant d'abord l'épi avant qu'il soit complétement mûr, parce qu'il s'égrène facilement ; on fauche la paille plus tard.

Le millet rend de 14 à 15 hectol. par hectare.

On fait avec la graine de millet, passée au moulin, diverses bouillies pour la nourriture des gens de campagne.

Le millet à grappes se sème comme fourrage vert.

SARRASIN OU BLÉ NOIR.

On connaît quatre variétés de sarrasin : le sarrasin commun, le sarrasin argenté, le sarrasin de Tartarie et le sarrasin vivace.

On cultive principalement le blé noir commun et l'argenté ; le sarrasin de Tartarie, quoique plus rustique, est peu répandu.

Le sarrasin se cultive en France en récolte principale et en seconde récolte, ou récolte dérobée.

Les terrains légers, les sols granitiques sont ceux qui conviennent plus particulièrement à cette plante qui, du reste, est peu exigeante.

Le sarrasin cultivé en récolte principale nécessite

plusieurs labours suivis de hersages. On le sème en mai, à raison de 50 à 80 litres par hectare ; la semence doit être légèrement recouverte.

Le sarrasin cultivé en récolte dérobée se place après le seigle sur un seul labour.

Le blé noir aime les étés chauds et secs ; cependant il lui faut de la pluie pour acquérir tout son développement ; la sécheresse l'empêche de s'élever.

Le sarrasin a à craindre pendant sa végétation les pluies trop abondantes qui font tomber ses fleurs, et les gelées blanches précoces qui empêchent le grain de compléter sa maturité.

La récolte se pratique à la faucille ; on fait sécher le sarrasin moissonné en petits meulons qu'on dresse deux à deux. On le bat au fléau.

Le rendement du blé noir est très-variable ; il s'élève rarement à 35 hectolitres par hectare et descend souvent à 15.

On fabrique avec le sarrasin du pain, de la bouillie et des gâteaux ; la paille sert à la litière.

On sème quelquefois le sarrasin pour protéger des semis d'été de plantes fourragères et souvent comme engrais végétal.

SORGHO.

On connaît quatre espèces de sorgho, qui ont des propriétés très-différentes.

Le sorgho commun, ou sorgho à balais ; coupé en vert, il donne un bon fourrage, Le sorgho blanc ou *doura*, il est tardif ; le sorgho à épi, encore plus tardif. Ces deux variétés ne mûrissent que dans le midi de la France.

Le sorgho sucré, ou canne à sucre du nord de la Chine, est cultivé pour sa graine, pour le jus sucré extrait de sa tige et comme fourrage vert ; il est partout acclimaté en France.

Le sorgho sucré exige un sol bien préparé, profondément remué et convenablement fumé. — On emploie 3 à 4 kilos de graines, si on le cultive pour son jus sucré, et 10 kilos, si on veut le faire consommer comme fourrage vert.

On sème le sorgho en même temps que le maïs en lignes distantes de 40 centimètres en tous sens; on lui donne ensuite des binages et des buttages comme au maïs.

Le sorgho cultivé comme fourrage vert a l'avantage sur le maïs de pouvoir être coupé plusieurs fois dans la saison ; on calcule son rendement à 90,000 kilos de tiges vertes par hectare; cultivé pour sa graine, le sorgho donne de 30 à 50 hectolitres.

La maturation de la graine n'empêche pas la tige de fournir un jus très-sucré, qu'on traite pour en obtenir une boisson ou pour le faire distiller.

La graine du sorgho est une excellente nourriture pour les volailles et pour les porcs.

C'es' en octobre, lorsque la graine est parfaitement mûre, qu'on récolte la tige pour en extraire la matière saccharine qu'elle contient.

CHAPITRE XI.

Légumes secs et verts.

LÉGUMES FARINEUX.

La farine des légumes tels que fèves, pois, haricots, lentilles, est impropre à la panification ; elle contient une forte proportion d'amidon, de gluten et d'albumine ; les fanes de la plupart de ces légumes donnent une bonne nourriture pour le bétail ; dans les cultures, elles représentent la sole des plantes sarclées.

FÈVES.

On distingue deux espèces de fèves : la fève proprement dite, cultivée dans les jardins sous le nom de fève maraîchère, et la *féverole* ou fève à cheval.

Les fèves prospèrent dans les sols forts, argileux, tenaces, où elles remplacent la pomme de terre, qui y viendrait mal et y donnerait des produits de médiocre qualité.

On sème la fève avant ou après l'hiver, mais toujours de bonne heure. Quand on la sème en automne, on enfouit l'engrais sur le premier labour; puis au mois de septembre ou au commencement d'octobre, on donne un second labour et on sème la fève sur les sillons ouverts à la distance de 60 à 70 centimètres. La herse achève de niveler la terre et de recouvrir la semence.

Le champ destiné à la fève de printemps reçoit en automne un fort labour d'hiver ; c'est sur un second labour qu'on enfouit le fumier et qu'on sème la fève, à raison de 100 à 200 litres par hectare.

Si la terre est battue et serrée au moment de la levée des féveroles, il est bon de herser pour émietter la terre à la surface ; on donne ensuite deux binages à la houe à cheval ou à la main.

Dans quelques pays, on écime les fèves au moment où se forment les gousses inférieures ; c'est un moyen d'en empêcher la coulure, et d'arrêter la végétation herbacée au bénéfice du grain.

Les fèves sont récoltées lorsque les gousses sont noires. On les coupe à la faucille, ou on les arrache ; on les fait sécher en andains, puis on en forme de petits paquets que l'on dresse, pour achever leur dessiccation.

On bat les fèves au fléau. Le rendement en grain varie de 15 à 25 hectolitres ; les fanes servent de litière au bétail.

POIS.

On cultive les pois pour la nourriture de l'homme et celle des animaux ; on les divise en pois de champ et en pois de petite culture.

Les pois de champ sont gris, verts ou jaunes ; ils préfèrent les terrains secs, de consistance moyenne, contenant du calcaire. La culture du pois est assez épuisante ; elle demande à succéder à une récolte fumée, ou à être fumée elle-même.

Que l'on sème les pois en automne ou au printemps, il faut que la terre qui doit les recevoir soit préparée par deux labours ; on sème sur le second, en lignes distantes de 55 à 60 centimètres à raison de 110 à 120 litres par hectare, et à la volée à raison de 2 hectolitres.

Comme pour la fève, on donne un coup de herse à la levée des pois, puis on bine à la houe à cheval ou à la main.

Les pois sont récoltés à la faucille ou à la faux, lorsque les trois quarts des gousses sont arrivés à maturité ; les fanes sèchent sur place ; après la dessiccation on les lie en fagots, et on les bat au fléau dans la grange.

8

Le rendement des pois verts normands, semés à la volée, est de 12 à 15 hectolitres par hectare, et de 18 à 20 quand ils l'ont été en lignes.

Le pois jaune d'Auvergne est plus productif.

Le pois gris ou bisaille, cultivé comme fourrage vert, se sème à la volée, en automne, pour être récolté en mai et juin ; il se sème au printemps, pour être fauché en juillet et août.

HARICOTS.

Le haricot nain, le seul qu'on puisse cultiver dans la grande culture, craint les gelées tardives ; il a besoin d'une forte chaleur pour achever sa maturité.

Les variétés naines qui conviennent le mieux sont le haricot de Soissons, le haricot rond blanc, le haricot sabre-nain, le haricot suisse blanc et suisse rouge, le haricot rouge d'Orléans, et le haricot bagnolet gris.

Les haricots demandent à être placés dans un terrain substantiel, convenablement fumé, plutôt léger que fort, frais et bien exposé.

Après deux ou trois labours, on sème le haricot à la volée, et mieux en lignes espacées de 50 à 60 centimètres, et de 5 ou 6 centimètres dans la ligne ; on peut aussi semer sur raie, au semoir ou en poquet.

Il faut 150 à 200 litres de semence par hectare.

Les cultures d'entretien consistent à donner, de bonne heure, un léger binage, puis un mois après un second, et plus tard, si c'est nécessaire, un troisième en amassant légèrement la terre autour du pied.

A l'époque de la maturité, on arrache les haricots à la main et on les place par poignée sur le sol, la tête en bas ; ils restent ainsi exposés aux rayons du soleil, jusqu'à la complète dessiccation. On les met en bottes pour les transporter à la grange.

On bat le haricot au fléau ; le rendement varie de 22 à 28 hectolitres par hectare.

Dans le centre de la France, où l'on cultive le maïs en lignes, on a l'habitude de planter, au milieu de ces lignes, des haricots nains, que l'on récolte avant le maïs.

LENTILLES.

On cultive deux variétés de lentilles comestibles : la *lentille blonde* et le *lentillon* ou *lentille à la reine* ; la première est à gros grains, la seconde à petits grains.

La lentille vient dans les terres légères et même dans les sols arides, où l'on ne pourrait tenter la culture du pois ; la lentille réussit très-bien dans les sols volcaniques de la Haute-Loire ; elle aime les labours profonds, les engrais décomposés.

On sème généralement les lentilles en lignes distantes de 30 à 35 centimètres. Il faut de 100 à 150 litres de semence par hectare ; c'est vers le 15 avril qu'on les met en terre. Les lentilles reçoivent successivement deux ou trois binages, et lorsque, en août, les gousses prennent une teinte roussâtre, on arrache les tiges qu'on laisse sécher par petites bottes ; on bat les lentilles au fléau.

Dans l'intérêt de la parfaite conservation des semences, on doit les laisser dans leurs gousses jusqu'au moment de les mettre en terre.

Le rendement de la lentille descend souvent au-dessous de 10 hectolitres par hectare ; rarement elle s'élève au-dessus de 25. Le poids de l'hectolitre de lentilles est de 85 kilos ; il se vend jusqu'à 80 francs.

Le produit en paille des lentilles comestibles est d'environ 1,200 kilos par hectare ; cette paille est très-bonne pour l'alimentation des bestiaux.

Quelquefois, dans les terres très-fécondes, on sème la lentille comme fourrage vert.

CHAPITRE XII.

Plantes oléagineuses, textiles, tinctoriales, etc., à produits commerciaux.

On désigne sous le nom de *plantes commerciales* celles qui sont destinées à être vendues; à être consommées hors de l'exploitation et qui ne fournissent qu'un faible contingent d'engrais pour compenser l'épuisement qu'elles ont occasionné à la terre.

Ces plantes sont généralement cultivées dans les grandes exploitations à gros capitaux, où l'on fait usage d'engrais produits hors de la ferme.

On donne plus spécialement le nom de *plantes commerciales* aux plantes oléagineuses, textiles, tinctoriales, au houblon, au tabac.

PLANTES OLÉAGINEUSES.

Les plantes oléagineuses sont destinées à la production de l'huile. Les principales sont : le colza, la navette, la caméline et le pavot.

Colza.

On cultive plusieurs variétés de colza dont la rusticité et le produit varient beaucoup; on recommande : 1° le colza froid, qui donne un rendement assez fort et qui a les tiges hautes et un grain rouge ; 2° le colza à fleurs blanches, qui est très-productif ; 3° le colza parasol très-estimé en Normandie. On distingue encore le colza d'hiver et celui de printemps.

Le colza exige, pour réussir, une terre bien assainie, convenablement fumée ; il demande un sol profondément remué et bien ameubli ; les sols d'alluvion et les bonnes terres à froment lui conviennent.

On sème le colza en pépinière pour être repiqué en lignes ; on le sème aussi en lignes distantes de 50 à 60 centimètres, à raison de 3 à 4 litres par hectare.

La culture du colza d'hiver est la plus répandue ; on sème sur place au mois de juillet ou d'août, et lorsque le plant a pris un développement de 10 à 15 centimètres, on donne un premier binage. On éclaircit en même temps le semis, en conservant les pieds les plus forts et en laissant entre eux dans la ligne de 25 à 30 centimètres de distance.

Si on a semé en pépinière, aussitôt que les plants sont forts, on les met en place, soit à la charrue, soit au plantoir. Il est rare que l'on soit obligé de leur donner un binage avant l'hiver.

Au printemps, le colza entre en végétation de

bonne heure ; il convient de lui donner un binage à la houe à cheval ou à la main, avant qu'il ait pris un trop grand développement.

Lorsqu'on laisse le colza sur pied jusqu'à sa complète maturité, ses siliques jaunissent ; elles s'ouvrent au moindre choc, et la graine se détache et tombe à terre.

Pour éviter cet inconvénient, on récolte le colza en coupant sa tige près de terre aussitôt que les graines sont noires, lors même que les siliques tirent encore sur le vert.

Les tiges sont laissées sur le champ en meulons pour y achever leur maturité. On les transporte ensuite à la grange dans de grands chars garnis de toile, et on les bat immédiatement au fléau.

Lorsqu'on donne à cette culture une grande extension, c'est sur le champ même qu'on bat le colza, en se servant de grandes baches en toile pour remplacer l'aire de la grange.

Le colza battu est porté au grenier ; on conserve, mêlée au grain, une partie des siliques ; pour en faciliter la dessiccation, plus tard on le vanne au tarare.

Le produit du colza varie beaucoup, mais il dépasse rarement 30 hectolitres par hectare.

On sème aussi le colza à la volée, soit comme fourrage vert, soit pour l'enfouir comme engrais.

Aussitôt qu'on a fait la récolte du colza, on donne au champ un léger labour, un coup d'extirpateur ou simplement un trait de herse, pour faire lever les graines perdues qui, sans cette précaution, lèveraient dans la récolte suivante.

Le colza de printemps se sème vers la fin de mai ; on le récolte en automne.

La graine de colza fournit de l'huile pour les besoins du ménage, et des tourteaux qu'on fait consommer au bétail et qui sont aussi un excellent engrais.

Les tiges sont utilisées pour la litière des bêtes à cornes.

Navette.

On cultive deux variétés de navette : l'une qui se sème avant l'hiver et l'autre au printemps. La récolte de cette dernière est plus casuelle et moins productive que la première.

On place la navette dans les sols légers, dans les terrains calcaires, où le colza ne peut prospérer. Il convient de donner à la navette une bonne fumure et de faire précéder de deux labours le semis à la volée.

La navette d'hiver se sème au mois d'août, à raison de 4 à 5 kilos par hectare ; rarement on lui donne un binage.

La navette se récolte de la même manière que le colza.

Le produit par hectare de la navette est de 10 à 20 hectolitres pesant 65 kilos et rendant 20 kilos d'huile. Cette huile sert à quelques préparations culinaires et surtout à l'éclairage.

La navette d'été se sème en juin et se récolte en septembre ; elle rend la moitié moins que celle d'hiver.

Pavot.

On cultive deux variétés de pavots : le pavot à fleurs blanches dont la capsule est fermée ; le pavot à fleurs rouges dont la capsule est ouverte. On préfère la première de ces variétés, parce que l'huile qu'on en extrait est meilleure et que la graine ne se perd pas, la capsule étant fermée.

Selon les localités, on sème le pavot en automne ou au printemps ; il demande à être placé dans un sol plutôt fort que léger, convenablement amendé.

Le pavot se sème de bonne heure, le plus souvent à la volée, à raison de 2 à 3 kilos par hectare. La graine se recouvre légèrement au rateau à main.

On donne un premier binage au pavot lorsqu'il a quelques centimètres de hauteur; un peu plus tard, on l'éclaircit de manière à laisser un espace de 20 centimètres carrés à chaque pied.

La récolte du pavot se fait aussitôt que la capsule passe au jaune. On coupe les tiges à 20 ou 25 centimètres au-dessous de la tête ; on en réunit une dizaine qu'on attache ensemble et qu'on accroche au grenier ; lorsque la dessiccation est complète, on les bat au fléau.

Le produit du pavot dépasse rarement de 15 à 16 hectolitres ; il fait une excellente huile, qui sert aux besoins culinaires.

Caméline.

La caméline est une plante oléagineuse plus rustique et moins exigeante que toutes celles dont nous venons de parler ; on la sème dans les terres légères. La caméline ne craint ni la sécheresse ni les atteintes des nombreux insectes qui attaquent les autres plantes oléagineuses.

On sème la caméline sur un labour pendant toute la durée du printemps. La caméline exige peu d'engrais ; on la sème ordinairement à la volée, en mai, à raison de 4 à 5 kilos de graines par hectare.

Rarement on donne à la caméline des cultures d'entretien ; c'est à la fin d'août qu'on la récolte ; son produit moyen est de 15 hectolitres par hectare. Il faut 100 litres de graine pour obtenir 15 litres d'huile à brûler.

PLANTES TEXTILES.

Les deux seules plantes textiles cultivées en France sont : le lin et le chanvre.

Lin.

Le lin, de même que le chanvre, sert à fabriquer des fils, des tissus, des cordages.

Le lin est une plante annuelle dont la culture a acquis en France une grande extension, malgré ses exigences sous le rapport de la nature du sol, des cultures préparatoires, de la fumure et des nombreuses manipulations qu'exigent ses produits.

Le lin se plaît dans les riches terrains d'alluvion, dans les sols un peu consistants, fortement amendés, mais qui s'effritent facilement à la surface et qui conservent de la fraîcheur.

On donne aux terrains qu'on prépare pour la culture du lin un labour d'automne, un ou deux de printemps, suivis d'un coup d'extirpateur ou d'un trait de herse ; dans la petite culture, c'est à la bêche qu'on laboure le terrain.

Le lin est semé en avril à la volée, à raison de 100 litres par hectare, si on ne veut obtenir que de la graine ; à raison de 220 litres pour faire du lin plus fort que fin, et de 400 à 560 litres, si on désire un lin de qualité supérieure.

Il faut sarcler et arracher les mauvaises herbes aussitôt qu'elles commencent à paraître.

On arrache le lin en juillet, immédiatement après la floraison, si on veut obtenir du lin très-fin; pour avoir du lin moyen, on procède à l'arrachement entre la floraison et la maturité complète ; enfin on l'arrache quand les capsules sont jaunâtres, si c'est de la graine qu'on veut obtenir.

La récolte se fait à la main ; on lie chaque poignée en petits paquets vers la tête et on les dresse les uns contre les autres pour les faire sécher. On fait tomber la graine en frappant la tête de chaque paquet avec un petit bâton.

Le lin, séché et dépouillé de sa graine, a besoin, pour qu'on puisse en extraire la filasse, d'être *roui* ; le rouissage a pour but de détacher la substance gommeuse qui lie fortement la filasse à la partie ligneuse de la tige. On rouit le lin, soit en l'étendant en couches peu épaisses sur une prairie où il reçoit la pluie et la rosée, soit en le plaçant en paquets dans une eau stagnante où on l'immerge.

Aussitôt que la substance gommo-résineuse qui lie la filasse à la tige a disparu, on sort le lin de l'eau, on le fait sécher au soleil et on le remet en bottes.

Au moment où l'on veut teiller le lin, il est souvent nécessaire de le *haler*, c'est-à-dire de lui donner, en l'étendant de nouveau au soleil, en le plaçant sur un four ou par tout autre moyen, une siccité plus complète que celle qu'il avait.

Pour teiller le lin, on le soumet d'abord au *macquage* ou *maillage* ; il consiste à frapper chaque poignée de lin placée sur un billot avec une masse de bois dur appelée *macque*, qui brise les tiges.

La seconde opération consiste à broyer la tige au moyen d'un instrument très-simple appelé *broye*, qui sépare le bois ou chènevotte de la couche fibreuse et réduit celle-ci en filasse.

Le produit moyen du lin, en France, est de 400 kilos de filasse par hectare, et de 7 à 12 hectolitres de graines.

La graine donne 20 0/0 de son poids d'une huile qu'on emploie pour la peinture.

La graine de lin réduite en farine est utilisée en pharmacie comme émollient ; les tourteaux servent à engraisser les bestiaux et à fumer les terres.

Chanvre.

On cultive deux variétés de chanvre : le chanvre commun et le chanvre du Piémont ; ce dernier prend un développement considérable.

Le chanvre demande un sol de première qualité, profondément remué et fortement fumé ; c'est à cause de ces exigences qu'on ne donne jamais une grande étendue à cette culture.

Dans chaque exploitation, on a une chènevière où souvent, depuis un temps immémorial, on cultive le chanvre ; il ne souffre pas de son retour permanent sur le même sol.

La chènevière est toujours fortement fumée et souvent labourée à la bêche ; on retarde la mise en terre jusqu'au moment où l'on n'a plus à craindre les froids tardifs.

Le chanvre se sème à la volée, sur un sol parfaitement émietté, à raison de 2 à 4 hectolitres par hectare, selon que l'on veut obtenir de la filasse fine ou de la filasse commune.

Pour le chanvre, de même que pour le lin, plus les plantes sont serrées, plus la tige monte fine et plus la filasse a de perfection.

On distingue au moment de la récolte les tiges mâles des femelles ; les premières sont plus vite mûres, on peut les arracher aussitôt que la fleur placée à l'extrémité a répandu sa poussière fécondante ; les tiges femelles, au contraire, ont besoin de mûrir leurs graines, qui se trouvent à l'aisselle des feuilles supérieures.

Ordinairement, on arrache les tiges mâles et femelles en même temps, et on laisse tout autour de la chènevière une certaine quantité de tiges femelles pour avoir de la graine.

Cette graine ne conserve pas ses facultés germinatives au-delà d'un an.

On récolte, on fait sécher et rouir le chanvre de la même manière que le lin ; quant au teillage, il se pratique à l'aide d'une machine ou à la main.

Le produit moyen d'un hectare de chanvre est de 7 à 1,200 kilos de filasse et de 4 à 6 hectolitres de graine pesant 50 kilos l'hectolitre.

Le chènevis sert à la nourriture des oiseaux et des volailles ; on en extrait aussi de l'huile commune employée à la fabrication du savon, à l'éclairage, etc.

PLANTES TINCTORIALES.

On appelle *plantes tinctoriales* celles qui contiennent des principes colorants, employés à la teinture des étoffes. Les principales sont la *garance* et la *gaude*.

Garance.

Les départements des Bouches-du-Rhône, du Gard, de Vaucluse, sont les seuls qui se livrent en grand à la culture de la garance.

La garance se cultive exclusivement pour sa racine, qui fournit une belle couleur rouge ; ce n'est qu'au bout de dix-huit ou trente mois qu'elle a accompli toutes les phases de sa végétation.

La garance demande à être placée dans un sol profond, humeux, plutôt léger que fort et convenablement amendé ; elle aime les terrains calcaires; elle est très-épuisante.

Le terrain destiné à la garance est préalablement défoncé ; il reçoit plusieurs labours et de fortes fumures; on le divise ensuite en planches de 1 mètre 32 à 1 mètre 65 centimètres de largeur, séparées par un sentier de 30 à 40 centimètres ; la terre étant ainsi préparée, hersée et, au besoin, roulée, on procède en avril aux semailles. C'est dans de petits fossés ouverts à la houe à main et distants de 30 centimètres qu'on place les semences à la distance de 3 à 4 centimètres les unes des autres; la terre de la seconde ligne recouvre la première, et ainsi de suite ; on met de 80 à 100 kilos de semence par hectare; la graine de l'année est préférable.

Il importe que la semence lève vite et que le terrain soit entretenu dans un état de propreté irréprochable ; aussi faut-il renouveler les binages toutes les fois qu'ils sont nécessaires.

C'est avec la terre du sentier laissée entre chaque planche que l'on rehausse les lignes de garance.

La deuxième année, on bine de nouveau, si

des mauvaises herbes se sont développées ; puis on fauche les fanes aussitôt que la graine est mûre.

Si on conserve la garance trente mois en terre, on répète à la seconde année, les soins de la première.

C'est à la bêche ou à la houe qu'on arrache la racine de garance ; on la transporte d'abord dans des toiles sur une aire, où elle commence à se déssécher à l'air libre, puis on la met dans une étuve portée à 30 degrés.

Les animaux mangent avec plaisir les fanes de garance.

Le produit dépend de la durée de la culture ; il varie de 1,800 à 3,800 kilos par hectare.

Gaude.

La gaude produit une belle couleur jaune. On en connaît deux variétés ; l'une d'hiver, l'autre de printemps ; cette dernière est préférée.

La gaude n'est pas très-exigeante sous le rapport du sol et de sa préparation ; elle se contente d'une terre silico-calcaire, de médiocre qualité.

On sème à la volée, sur un seul labour, 6 à 7 kilos de graines de l'année par hectare. Au printemps on sarcle la gaude et on l'éclaircit, en laissant 15 centimètres environ entre chaque plante.

La récolte de la gaude se fait en juin ou en septembre, selon qu'on a semé en automne ou au printemps. La gaude s'arrache à la main, au moment où les graines placées le plus près de terre commencent à noircir ; on en fait de petits paquets qui restent dressés sur le sol jusqu'à ce que la plante ait pris une teinte jaune ; à ce moment on bat la gaude en frappant la tige avec un petit bâton et on la rentre.

La graine fournit de l'huile d'éclairage ; le poids de la tige est de 1,000 à 3,500 kilos par hectare.

PLANTES A PRODUITS COMMERCIAUX.

Houblon.

Le *houblon* est une plante vivace, cultivée pour les fruits qu'elle produit, et qui servent exclusivement à la fabrication de la bière.

Le houblon demande un terrain profondément défoncé, bien labouré, émietté et énergiquement fumé avec des engrais chauds.

Quand la terre destinée à former une houblonnière est convenablement préparée, on la divise en lignes distantes de 2 mètres ; puis on creuse dans la ligne de petits trous à 1 mètre 50 les uns des autres, dans lesquels on place, en octobre ou en avril, des éclats de pieds provenant de vieilles souches.

Le houblon donne une petite récolte dès la première année.

La houblonnière doit être exempte de mauvaises herbes, et binée souvent.

Tous les ans, on déchausse les pieds de houblon, et l'on supprime les tiges de l'année précédente.

Le houblon est une plante grimpante, qui a besoin d'être soutenue ; aussi, dès la première année, place-t-on à chaque pied une petite perche. Les années suivantes, ces perches doivent être plus fortes et plus longues.

Le houblon est en pleine maturité six semaines ou deux mois après sa floraison ; on en fait la récolte au moment où son fruit laisse apercevoir à la surface de ses écailles une poussière jaune très-aromatique.

Pour faciliter la cueillette, on coupe la tige à un mètre du sol, et l'on couche les perches.

Ces cônes, réunis dans des paniers, sont séchés naturellement ou artificiellement, et emballés pour la vente.

Aux approches de l'hiver, on amasse de la terre au pied de chaque souche de houblon, pour la préserver de la gelée.

Le houblon a à craindre le miellat, qui fait couler la fleur, et les pucerons, qui détruisent les feuilles.

La récolte du houblon est assez chanceuse ; elle est très-lucrative lorsqu'elle réussit.

A partir de la troisième année, le produit varie de 1,700 à 1,800 kilos de cônes par hectare, outre 4 à 5,000 kilos de feuilles.

TABAC.

On cultive en Savoie deux variétés principales de tabac : le paraguay et le havane ; ces variétés ne diffèrent entre elles que par le développement de leurs feuilles et la qualité des produits qu'on en obtient.

Le paraguay a une feuille très-développée, il sert surtout à la fabrication des tabacs communs ; la havane rend moins en poids, mais ses feuilles sont d'une qualité supérieure.

La culture du tabac a été introduite en Savoie depuis son annexion à la France ; c'est pour ce motif que nous croyons devoir entrer dans de plus grands développements sur sa culture que pour celle des autres plantes industrielles.

Les terrains profonds, de moyenne consistance, frais, sans humidité, sont ceux qui conviennent le mieux à la culture du tabac ; on les prépare dès l'automne par des labours et des défoncements ; de bonne heure, au printemps, on enterre la fumure qui doit être abondante au moyen d'un second labour. C'est sur un troisième labour qu'on plante le tabac.

On ne sème jamais le tabac en place ; de bonne heure, on fait des couches chaudes ou demi-chaudes, qu'on recouvre de terreau passé au crible ; ces couches sont construites de manière à profiter du moindre rayon de soleil, et à être couvertes de paillassons.

On donne le nom de couches chaudes à un amas de fumier, qu'on entasse au sortir de l'étable dans un trou creusé dans le sol ; sur ce tas, on met une couche de terre d'une épaisseur variable.

La chaleur produite par la fermentation de ce fumier réchauffe la terre et accélère la germination des graines qu'on y a semées.

La couche demi-chaude est faite avec du fumier qui a perdu par la fermentation une partie de sa chaleur.

C'est vers la fin de février ou en mars qu'on fait les pépinières de tabac.

La graine de tabac reste longtemps avant de lever ; elle est tellement fine, qu'on la mêle à du sable ou à de la cendre pour la semer plus également et moins épaisse ; on la recouvre avec de la terre tamisée.

La couche doit être légèrement arrosée de temps à autre avec un arrosoir à pomme, ayant des trous très-petits, pour ne pas noyer la graine.

On couvre les couches avec des paillassons, la nuit et même le jour quand il fait froid ou qu'il pleut ; s'il se développe de mauvaises herbes, on les enlève.

Si la graine de tabac lève trop épaisse, il faut faire des éclaircies ; sans cette précaution les plants s'étiolent.

Lorsque le plant a acquis assez de développement pour être repiqué, on place sur la terre fraîchement labourée et bien émiettée, une chaîne ou un cordeau à nœuds, et on repique un plant de tabac sur chaque nœud.

La distance des lignes, ainsi que celle des plants, est donnée par la direction des tabacs, sans le concours de laquelle on ne peut rien faire.

Pendant les premiers jours, on visite souvent les cultures ; on remplace les plants qui n'ont pas réussi par ceux conservés dans ce but.

Si le temps est favorable, le tabac se fortifie rapidement ; on lui donne successivement plusieurs binages.

Lorsque la plante a atteint 30 à 40 centimètres, on enlève les feuilles trop rapprochées du sol, qui seraient enterrées ou salies par les pluies, et on lui donne un buttage.

Lorsque le tabac a de 9 à 12 feuilles , on pince la cime pour l'empêcher de former ses fleurs, et pour faire prendre aux feuilles conservées le plus grand développement possible.

Le pincement de la tige fait naître, à l'aisselle des feuilles, des bourgeons adventifs; il faut enlever ces bourgeons à mesure qu'ils naissent.

On sait qu'on donne le nom de bourgeons adventifs à des yeux qui existent à l'état latent, et qui se développent dans des conditions spéciales. Les pincements, en refoulant la sève, produisent ce résultat.

Les feuilles se récoltent aussitôt qu'elles ont pris une teinte jaunâtre, et qu'elles deviennent gluantes; on les détache avec précaution pour ne pas les déchirer.

Les feuilles, transportées dans le local où elles doivent sécher, sont enfilées une à une à des ficelles de 1 mètre 50 centimètres.

On doit laisser, entre chaque feuille, deux centimètres, pour qu'elles ne se froissent pas lorsque le vent les agite.

Ces guirlandes de feuilles sont accrochées à des fils de fer disposés pour les recevoir.

Séchoir à tabac.

L'air et la lumière sont les premiers agents indispensables pour obtenir une bonne dessiccation; mais par dessus tout, celle-ci doit être lente pour que le phénomène de la coloration ait le temps de se produire : devront donc être recherchés les expositions au nord, les lieux abrités, les vergers, etc. On emploiera de préférence les couvertures en chaume ou en tuiles creuses, à l'exclusion des ardoises.

La réunion d'une grande quantité de feuilles de tabac dans un seul local est une garantie de bonne dessiccation, par la raison que celle-ci ne peut être trop brusque dans une atmosphère qui se maintient relativement chargée d'humidité.

La ventilation d'un séchoir doit être constante, mais toujours modérée : les fenêtres seront tenues ouvertes par les temps doux ; fermées en partie ou entièrement du côté des vents et du midi, lorsque l'air sera sec et desséchant.

L'agencement en fils de fer est préférable à tout autre, parce qu'il permet de rapprocher ou de distancer les guirlandes, suivant l'état de la température et celui de la dessiccation du produit.

Les fils de fer portent de petits crochets mobiles auxquels on accroche les ficelles.

Toute la tension possible doit être donnée aux ficelles, car une trop grand courbe amènerait un contact entre les feuilles.

Distances à observer dans l'agencement d'un séchoir. — Entre les fils de fer (sens vertical) et suivant la longueur des différentes feuilles : 60 — 70 — et 80 centimètres. — Entre les guirlandes sur les fils de fer : 12 à 15 centimètres. Nombre de feuilles par ficelles : 50 à 55. — Distance entre les feuilles, 2 centimètres. Il est plus dangereux de rapprocher les feuilles sur les ficelles que les guirlandes entre elles, parce que la plus grande partie d'eau de végétation se trouvant dans les côtes, ce sont elles surtout qu'il faut tenir éloignées.

Lorsque les feuilles sont parfaitement sèches, on les détache pour les entasser dans un local spécial ; elles conservent alors assez de souplesse pour ne pas se briser ; plus tard, durant l'hiver, on reprend ces feuilles, on les classe par catégories de longueur et de qualité, et on les met en *manoques*, c'est-à-dire en paquets de vingt-cinq feuilles liées par la vingt-cinquième. Au moment de la livraison, 200 manoques forment une balle.

Le tabac, quand il réussit à souhait, est une récolte des plus rémunératrices ; s'il demande plus d'engrais et de travail que d'autres plantes, il les paie avec usure. Cette récolte a un autre avantage : c'est d'être vendue d'avance au comptant à l'Administration.

Le poids du tabac récolté sur un hectare varie de 1,000 à 1,800 kilos ; il faut de 200 à 250 feuilles sèches pour un kilo.

Le tabac est attaqué en pépinière par des pucerons ; il est arrêté dans sa première végétation par un ver, qui le fait périr ; il faut chaque matin parcourir la plantation , rechercher et détruire ce ver, qui se trouve toujours attaché au cœur de la plante ou enterré à peu de profondeur.

Les feuilles sont aussi sujettes à la jaunisse et à la rouille. On attribue la première de ces maladies à l'emploi d'engrais trop frais ; la seconde aux pluies prolongées.

L'orobanche, parasite qui détruit le trèfle, s'attaque aussi aux racines du tabac ; enfin, les coups de vent et la grêle, en brisant les feuilles, occasionnent de grands préjudices à la récolte.

CARDÈRE.

La *cardère*, ou *chardon à foulon*, est cultivée pour son fruit, qui sert à peigner les draps ; elle donne ses meilleurs produits dans les terrains secs, de qualité inférieure ; c'est là que les crochets, qui font la fonction de peigne, sont les plus solides et les plus élastiques.

La cardère se sème à raison de 10 kilos par hectare, en automne ou au printemps, à la volée ou mieux en lignes, pour faciliter les cultures d'entretien.

Semée en automne dans de petites jauges ouver-

:tes à la main, légèrement recouvertes, la cardère donne son fruit l'année suivante ; semée au printemps, elle ne se récolte que la deuxième année.

On bine la cardère une ou deux fois pour détruire les mauvaises herbes, et on butte avant l'hiver.

Quand la cardère a pris tout son développement, on écime la tête pour refouler la sève et développer les jets latéraux.

Lorsque les têtes deviennent roussâtres, on les coupe, en leur laissant 15 centimètres de tige nécessaires pour les mettre en peigne.

Pour faire sécher la cardère, on l'étend en couches minces, dans un local à l'ombre, ni trop sec ni trop humide.

La qualité qu'on recherche surtout dans la cardère est une tête cylindrique pourvue de crochets recourbés, élastiques et d'une belle teinte rousse.

La récolte donne de 5 à 9 têtes par pied, soit 150,000 à 300,000 têtes par hectare, produisant en moyenne 700 kilos de têtes sèches.

CHAPITRE XIII.

Plantes fourragères.

Les fourrages qui servent à l'alimentation des animaux domestiques sont produits : 1° par des *prairies naturelles,* qu'on conserve d'une manière à peu près permanente ; 2° par des *prairies artificielles,* qu'on renouvelle à des époques plus ou moins rapprochées ; 3° par des fourrages semés et récoltés annuellement.

PRAIRIES NATURELLES.

Les prairies naturelles se divisent en pâturages, en prairies sèches et en prairies arrosées.

Pâturages.

On désigne, sous le nom de *pâturages,* toutes les prairies naturelles qui sont consommées sur place par les animaux domestiques.

On appelle *alpage* le séjour plus ou moins prolongé, ordinairement de juin à octobre, des bestiaux dans les pâturages élevés des Alpes.

On donne le nom de *chalet* à l'habitation créée au milieu des pâturages pour loger les bergers, fabriquer les fromages et abriter les animaux.

La *fruitière* est le lieu spécial où l'on traite le lait.

pour la fabrication du fromage ; le *fruitier* est celui qui le convertit en fromage.

On nomme *embouche* les gras pâturages de la plaine et des demi-coteaux, où séjournent en permanence les animaux d'élevage et d'engraissement.

Selon qu'un pâturage est plus ou moins élevé au-dessus du niveau de la mer, que son accès est plus ou moins facile, que le fourrage en est rare, court, bien fourni ou long, on appelle à le consommer des espèces d'animaux plus ou moins exigeants, plus ou moins pesants et rustiques. C'est de là que sont venus les noms de pâturage à chèvres, à moutons, d'élèves, à vaches, d'embouche.

La fécondité des pâturages est entretenue par les déjections des animaux qui y séjournent, par la désagrégation des roches et des terrains supérieurs et encore par les dernières pousses que les bestiaux n'ont pas consommées.

Il est avantageux de ne pas faire pâturer les prairies artificielles, surtout par les moutons.

On doit éviter avec le plus grand soin de conduire les troupeaux aux pâturages avant que l'herbe soit développée et surtout avant que le sol soit convenablement ressuyé.

Le piétinement, par un temps de pluie, frappe le pâturage de stérilité pour plusieurs années.

Prairies sèches.

Les prairies sèches sont entretenues en permanence sur un terrain qui n'est pas susceptible d'être arrosé.

Ces prairies sont maintenues en cet état, soit parce qu'elles se trouvent sur des terrains en pente qu'il serait imprudent de dégazonner, soit parce qu'elles reçoivent d'abondantes pluies, soit enfin parce qu'elles sont placées dans des terrains frais, humeux, qui leur conviennent tout particulièrement.

Ces prairies sont rarement à deux coupes ; on fauche la première, et la seconde est pâturée sur place ; leur rendement varie entre 2,500 et 3,500 kilogrammes par hectare.

On entretient la fécondité des prairies sèches par des fumures en couverture, par des terreautages d'hiver, par des arrosages d'eau grasse et de purin. Pour détruire la mousse et raviver ces prairies, on utilise avec succès la cendre et la suie de cheminée.

Prairies arrosées.

Les prairies arrosées reçoivent ce nom parce qu'elles sont situées dans des conditions spéciales qui permettent de les arroser d'une manière permanente ou seulement à de certaines époques de l'année.

La fécondité des prés est entretenue par les détritus végétaux et minéraux que les eaux charrient, par l'action chimique et physique qu'elles exercent sur le sol.

Ces prés sont à deux et même à trois coupes.

Quand les eaux que reçoit une prairie sont insuffisantes pour entretenir sa fécondité, on y supplée par des fumures, par des terreautages ou des arrosages de purin étendu d'eau.

Création de prairies naturelles.

Les praires naturelles doivent être placées dans la situation la plus fraîche du domaine, sans humidité permanente.

On prépare le sol par des drainages ou de simples défoncements, si le sous-sol est imperméable ; par des labours profonds et des fumures abondantes, si le sous-sol est perméable à l'eau.

Dans les pays qui craignent la sécheresse, l'ensemencement des prairies se pratique en automne ; la levée est plus régulière et plus assurée au printemps.

Souvent on sème la graine de pré dans une céréale ; il est mieux de la semer seule, mêlée à un peu d'avoine, d'orge ou de blé noir, pour protéger sa première végétation.

Le choix des graminées qu'il convient de semer dans une prairie, doit être fait avec beaucoup de soin; il ne faut jamais semer de la poussière de foin recueillie sur le fenil; il est infiniment préférable de faire un achat de graines appropriées à la nature du sol, surtout si la prairie que l'on crée ne doit pas être arrosée.

On donnera la préférence : 1° parmi les graminées, au fromental ou avoine élevée, à l'avoine des prés, aux houques laineuses et molles, à la fléole des prés, au pâturin des prés, des bois, à feuilles étroites, au vulpin des prés, à l'agrostis traçante, au ray-grass, au dactyle pelotonné, à la flouve odorante ;

2° Parmi les légumineuses : au trèfle des prés, au trèfle blanc, au trèfle hybride, au lotier corniculé.

On sème ce mélange à raison de 60 à 70 kilos par hectare; les légumineuses y entrent pour un sixième ou un septième.

Il est très-important de choisir des plantes qui fleurissent ensemble.

La graine de pré se sème sur un hersage; comme il convient de l'enfouir superficiellement, c'est avec le rouleau qu'on la recouvre.

On fauche de bonne heure les nouvelles prairies pour provoquer le développement des tiges qui partent du collet; on fait manger en vert ce fourrage, trop tendre pour être séché.

La fécondité des prairies étant entretenue par la qualité des eaux, par des fumures en couverture ou des terreautages, leur entretien consiste à les tenir bien nivelées, sans taupinières, sans eaux stagnantes et nettes de mauvaises herbes.

Des irrigations. — Nous avons indiqué ailleurs les divers systèmes d'irrigation, nous n'y reviendrons pas; mais nous croyons devoir faire quelques observations générales sur l'époque des irrigations.

Il faut arroser : 1° quand les prés souffrent de la sécheresse; 2° quand l'herbe est en végétation ; 3° après chaque coupe, pour exciter la pousse suivante ; l'hiver on cesse d'arroser, si l'herbe doit être atteinte par la gelée.

Lorsque les prairies sont sur un fond léger, perméable, elles exigent des irrigations plus abondantes, plus rapprochées, que lorsqu'elles sont sur un sol ferme et argileux.

De la récolte. — On récolte les foins lorsque la plus grande partie des plantes sont en fleur. Le foin devient dur et perd de ses qualités, si on laisse passer la fleur avant de le faucher.

Dans l'intérêt de la prairie, comme dans celui de la quantité récoltée, on doit couper l'herbe aussi près que possible de terre ; on obtient ce résultat en fauchant pendant que la prairie est imprégnée de rosée ou d'humidité.

Nous avons dit à l'article *Récoltes* tout ce qui est relatif au fauchage, au fanage, à la rentrée et à la conservation des récoltes ; nous n'y reviendrons pas.

Produit des prairies naturelles. — Un hectare de bonne prairie naturelle, irrigué, rend, en foin et en seconde coupe ou *regain*, de 4 à 5,000 kilos.

Le poids d'un mètre cube de foin ordinaire non tassé est de 60 à 65 kilos ; il s'élève de 90 à 120 kilos s'il est bottellé ou tassé ; enfin, s'il a été comprimé par une presse hydraulique, le mètre cube pèse de 400 à 600 kilos.

PRAIRIES ARTIFICIELLES.

La famille des légumineuses fournit la plupart des plantes cultivées pour former des prairies artificielles, telles que le trèfle, la luzerne, le sainfoin et la lupuline.

La culture des prairies artificielles rend des services journaliers à tous les cultivateurs, surtout à ceux qui n'ont pas de prés.

C'est grâce aux prairies artificielles que, dès la fin d'avril jusqu'au mois de novembre, nos bestiaux reçoivent une abondante nourriture verte ; c'est grâce à leur concours qu'il est possible d'entretenir sur nos fermes les nombreuses têtes de bétail, qui nous fournissent les moyens de renouveler la fécondité de la terre, que les céréales tendent à lui enlever.

La culture des plantes artificielles repose la terre ; elle la prépare à porter de nouvelles plantes épuisantes. C'est avec raison que les plantes artificielles ont été placées dans la catégorie des plantes améliorantes, c'est-à-dire qui rendent plus à la terre qu'elles ne lui prennent.

Trèfle.

On cultive deux variétés de trèfle : le trèfle rouge de Hollande et le trèfle incarnat ou farouch.

Le trèfle rouge aime les terres fraîches, profondes, substantielles, qui contiennent du calcaire.

Le trèfle entre aujourd'hui dans tous les assolements alternes ; il trouve sa place dans les céréales qui suivent les plantes sarclées.

C'est en mars et avril qu'on sème le trèfle à la volée, à raison de 15 kilos par hectare ; la graine est recouverte au moyen d'un léger trait de herse ou d'un tour de rouleau.

Le trèfle ne se développe que lorsque les céréales, dans lesquelles on l'a placé, ont été récoltées. Aussi le trèfle fauché la première année est-il mangé en vert ; ayant acquis la seconde année toute sa force, il donne deux ou trois coupes.

On stimule la végétation du trèfle par des amendements solides ou liquides, et surtout au moyen du plâtre en poudre, répandu à la main, à raison de 2 à 4 hectolitres par hectare (voir *Engrais minéraux*).

Anciennement, on conservait le trèfle pendant deux ans ; on y a renoncé, parce que la seconde année le terrain se garnit d'herbe, et que le produit diminue.

On retourne le trèfle en automne, après l'avoir maintenu dix-huit mois sur le même sol ; c'est une excellente préparation pour la culture du froment.

Le retour trop rapproché du trèfle sur la même pièce ne tarde pas à en diminuer le produit ; c'est pour ce motif qu'on cherche autant que possible à l'éloigner.

La moyenne du rendement du trèfle en fourrage sec est de 5,000 à 8,000 kilos par hectare ; si on laisse mûrir la graine, on obtient de 350 à 1,000 kilos de semence.

Le trèfle a deux ennemis à redouter : la cuscute qui l'envahit, et l'orobanche qui vit et se développe aux dépens de sa racine ; l'une et l'autre amènent sa destruction. Le moyen de les combattre est indiqué au chapitre XV ci-après.

Trèfle incarnat.

Le *trèfle incarnat* a des fleurs disposées en épis coniques ; il réussit dans les sols sablonneux et calcaires ; il n'occupe pas, comme le trèfle rouge, une place déterminée dans l'assolement ; on le cultive toujours en récolte dérobée.

Le trèfle incarnat se sème ordinairement en août, sur un déchaumage, à raison de 20 kilos de graines par hectare ; l'année suivante, il fournit de bonne heure une forte coupe, qu'on remplace par des pommes de terre, du maïs ou des betteraves.

Le trèfle incarnat donne un fourrage commun, qu'on fait consommer en vert. Son produit est de 4,000 à 6,000 kilos de fourrage sec par hectare.

Luzerne.

La luzerne est la plante par excellence du centre et du midi de la France, et par conséquent de la Savoie. Si elle exige un sol calcaire, riche en humus, profondément remué, bien émietté, elle paie largement ces exigences par de nombreuses et abondantes coupes de fourrage.

Aussitôt qu'on n'a plus à craindre les froids tardifs du printemps, on sème la luzerne dans les céréales de printemps, orge et avoine, à raison de 20 kilos de graines par hectare ; on la sème aussi de bonne heure en automne, après une récolte sarclée.

La luzerne semée seule au printemps fournit la même année une ou deux coupes, consommées en vert; semée avec une céréale, elle ne donne qu'une seule coupe. Il est très-important qu'elle n'ait pas été fraîchement fauchée, quand les gelées se font sentir.

Dès la deuxième année, la luzerne fournit plusieurs coupes abondantes, surtout si on a la précaution de la plâtrer. Sa durée est de six à douze ans.

On entretient la fécondité de la luzerne par des hersages énergiques, qui la débarrassent de la mousse et des mauvaises herbes, par des terreautages mêlés de cendre et de suie, par des fumures pailleuses en couverture, et des arrosements de purin.

Le rendement de la luzerne est de 6,000 à 10,000 kilos de fourrage sec par hectare.

Il convient de couper le trèfle et la luzerne quand ils sont en pleine floraison.

Pour faire de la graine de luzerne, on laisse mûrir complétement les fleurs. La récolte en graines est de 600 à 900 kilos par hectare.

La luzerne, de même que le trèfle, consommée sur place ou distribuée aux ruminants mouillée par la pluie ou la rosée, peut produire le gonflement de l'abdomen appelé météorisation.

Ce gonflement est dû à des gaz trop abondants, qui se forment dans l'estomac par la fermentation.

Il convient donc de ne donner ce fourrage en vert que suffisamment ressuyé, et de surveiller les bestiaux qui pâturent les luzernes ou les trèfles, pour qu'ils ne se chargent pas trop l'estomac de cette nourriture.

Sainfoin.

Le *sainfoin* appelé *esparcette* dans certaines localités, et *pélagra* en Savoie, est connu dans nos contrées depuis un siècle environ.

Le sainfoin se plaît dans les terres calcaires ; il est peu exigeant sur les qualités du sol ; on le place au pied des montagnes, dans les terrains médiocres, et généralement partout où ne croît pas la luzerne.

Le sainfoin se sème au printemps, sur une céréale d'automne ou de printemps, à raison de 6 à 7 hectolitres de graines par hectare ; on l'enterre à la herse suivie d'un tour de rouleau.

Le sainfoin ne donne pas de récolte la première année ; la seconde il fournit une ou deux coupes.

La première coupe se fait en juin, lorsque les fleurs passent et qu'on voit les gousses apparaître. Pour faire de la graine, on laisse le sainfoin sur pied jusqu'à ce que sa maturité soit complète ; on le bat ensuite au fléau.

Le produit du sainfoin est inférieur à celui de la luzerne ; il varie de 1,200 à 6,000 kilos par hectare. Si on récolte la graine, on obtient de 12 à 25 hectolitres.

Une prairie de sainfoin se conserve de sept à dix ans ; mais pour obtenir cette durée, il ne faut pas qu'elle soit pàturée, surtout par les moutons.

De même que pour la luzerne, on entretient sa fécondité par des hersages, des fumures et des arrosages au purin ; le plâtre active la végétation du sainfoin.

Après les défrichements de luzerne et de sainfoin, on obtient de belles céréales.

Lupuline.

La *lupuline* ou *minette dorée*, encore appelée trèfle jaune, se cultive quelquefois en récolte dérobée sur un déchaumage, comme le trèfle incarnat.

La lupuline se plaît dans les terres sablonneuses et calcaires en bon état ; on la sème sur une céréale de printemps, à raison de 15 kilos de graines par hectare.

La lupuline ne donne qu'une coupe ; son fourrage est d'excellente qualité, souvent on le fait pâturer. Le plâtre active sa végétation.

Son produit est de 3,000 à 4,000 kilos de fourrage sec par hectare.

DES FOURRAGES ANNUELS.

On désigne sous le nom de fourrages annuels les plantes fourragères semées et récoltées annuellement pour être consommées en sec ou en vert.

Les fourrages annuels fournissent au cultivateur un moyen assuré de remplacer les fourrages naturels ou artificiels, que des circonstances fâcheuses n'ont pas permis de récolter.

Les principaux fourrages annuels sont le *maïs,* les *pois,* le *millet,* les *lentilles,* le *seigle,* l'*orge* et l'*avoine* dont nous avons déjà parlé ; les *vesces,* le *chou cavalier,* le *chou branchu,* la *moutarde blanche* et le *moha.*

Vesces.

La vesce se plaît dans un terrain de consistance moyenne, bien fumé et fertile.

On sème la vesce en automne ou au printemps, selon que l'on veut se procurer des fourrages plus ou moins précoces.

En automne, on sème de bonne heure, en septembre ; au printemps, c'est à la fin de mars ou au commencement d'avril, qu'on sème la vesce sur un seul labour, à raison de deux hectolitres et demi par hectare.

Souvent on associe à la vesce du seigle, de

l'avoine ou du maïs, pour soutenir ses tiges; dans ce cas, on ne sème qu'un hectolitre et demi de vesce et un hectolitre de mélange.

On recouvre la vesce à la herse ou au scarificateur, que l'on fait suivre d'un coup de rouleau.

Le plâtre active la végétation de la vesce. On le répand au printemps à raison de deux à trois hectolitres par hectare.

Pour faire consommer les vesces en vert, on les fauche au moment de la floraison : pour les faire sécher, on attend que les gousses du bas soient nouées; l'abondance du fourrage rend sa dessiccation difficile.

On évalue le produit des vesces de 2,700 à 4,000 kilogrammes de fourrage sec par hectare.

La vesce est une excellente préparation pour la culture des céréales.

Chou.

Le chou aime les terres fortes, riches et profondes. Les deux variétés cultivées pour fourrages sont le chou cavalier et le chou branchu.

Le chou accomplit les premières phases de sa végétation en pépinière ; lorsqu'il est assez fort pour être repiqué, on le met en place.

Le terrain étant préalablement labouré, fumé et hersé, on trace des lignes de 70 à 80 centimètres de distance, et on repique les choux en les éloignant de 45 centimètres les uns des autres.

La plantation se pratique au plantoir à main ou à la charrue ; elle ne doit pas être retardée au-delà de juin.

La culture d'entretien des choux consiste à tenir la terre propre par des binages, et à les butter aussitôt qu'ils ont acquis la moitié de leur développement.

Lorsque les feuilles inférieures du chou passent au jaune, on commence la récolte en coupant au rez de la tige les feuilles les plus développées ; on continue en automne et pendant tout l'hiver.

Le produit du chou en feuilles est considérable ; on l'évalue de 50,000 à 60,000 kilogrammes, mais pour obtenir cette récolte, il faut un sol bien préparé et bien fumé.

Moha de Hongrie.

Le *moha* est un fourrage qui ne craint pas les terrains fortement siliceux. Sans nul doute, dans ces conditions, il ne donne pas d'abondantes récoltes, mais il utilise des fonds qui ne peuvent porter d'autres cultures.

Le moha se sème au printemps à la volée, à raison de 10 kilogrammes de graines par hectare ; on le fauche pour être consommé en vert quand ses têtes sont sorties.

Le moha vient vite, il se dessèche facilement, mais il est épuisant.

Moutarde blanche.

La *moutarde blanche*, encore désignée sous le nom de moutardon, herbe à beurre, demande, pour donner une récolte abondante, une terre riche et ameublie par une bonne culture préparatoire.

Pour fourrage, le moutardon se sème au commencement de septembre. On emploie de dix à douze kilogrammes de graines par hectare; on jette la semence sur un léger labour suivi d'un tour de rouleau.

Le moutardon, semé dans ces conditions, donne à l'arrière-saison un abondant fourrage pour les vaches, que l'on évalue en vert de 15,000 à 20,000 kilogrammes.

Le moutardon n'est pas un fourrage de choix; son grand mérite est de permettre de continuer la nourriture verte au moment où tous les autres fourrages ont été consommés.

Les bêtes à cornes refusent quelquefois le moutardon; ce n'est qu'au bout de quelques jours qu'elles s'habituent à cette nourriture.

CHAPITRE XIV.

Racines alimentaires ou industrielles.

On comprend sous le nom de *racines alimentaires* les plantes dont le tubercule ou la racine forme le principal produit et sert à l'alimentation de l'homme ou des animaux, telles que la pomme de terre, la betterave, la carotte, le navet, le turneps, le rutabaga et le topinambour.

POMME DE TERRE.

La *pomme de terre* est, sans contredit, le tubercule le plus précieux de tous ceux cultivés jusqu'à ce jour ; on en connaît un grand nombre de variétés partagées par M. de Gasparin en trois classes :

1° Les *patraques*, tubercules ronds, pourvus d'yeux nombreux et apparents ;

2° Les *parmentières*, tubercules oblongs, yeux rares et peu sortis ;

3° Les *vitelottes*, forme cylindrique, yeux rapprochés, un peu enfoncés.

Les pommes de terre de la grande culture appartiennent en général à la variété des patraques ; elles donnent des produits plus abondants, mais de moindre qualité que les autres.

Il faut éviter de planter la pomme de terre dans les terres fortes, les sols humides ; elle demande, pour donner des produits abondants, un terrain meuble, siliceux, plutôt frais que sec.

La terre destinée à la culture de la pomme de terre doit recevoir un premier labour en automne ; on en donne un second au printemps pour enfouir l'engrais. Selon la grosseur des tubercules de semence, on les plante entiers ou divisés ; dans la petite culture, on plante souvent la pomme de terre au poquet ; dans la grande, c'est à la charrue, en laissant un ou deux sillons vides entre chaque ligne.

Au moment où la pomme de terre lève, on lui donne un hersage pour ameublir la surface du sol et faciliter sa sortie ; plus tard, on bine à la houe à cheval ou à la main ; enfin quand les fanes sont suffisamment développées, on butte pour faciliter la croissance des tubercules.

La pomme de terre se récolte aussitôt qu'elle a complété sa végétation, c'est-à-dire lorsque la fane jaunit et flétrit ; à ce moment le tubercule se détache sans efforts des filaments qui le liaient à la tige.

On arrache les pommes de terre au bident, avec une fourche à trois dents ou encore avec une charrue arracheuse.

Lorsque les pommes de terre sont restées pendant quelque temps sur le sol pour sécher la terre qui les environne, on les transporte dans des celliers ou dans des silos.

On construit les silos en creusant, dans un terrain sec, un fossé de 40 centimètres de profondeur sur 2 mètres de largeur ; c'est dans ce fossé qu'on place les tubercules jusqu'à 70 centimètres d'élévation, en formant un talus que l'on recouvre de paille et de terre battue ; on creuse ensuite une rigole autour de ce silos, afin que l'eau ne s'infiltre pas dans le fond du fossé.

La pomme de terre exige de 18 à 40 hectolitres de semence par hectare ; son produit est de 150 à 250 hectolitres.

La pomme de terre est attaquée par une maladie qui a reçu différents noms ; les tubercules qui en sont atteints se durcissent, se dessèchent et se putréfient ; c'est par les feuilles qui se tachent en répandant une odeur nauséabonde que la maladie dénote sa présence.

La pomme de terre cuite est un excellent aliment pour les hommes et pour tous les animaux domestiques ; les bestiaux la mangent crue, mais avec moins de plaisir. On extrait de ce tubercule de la fécule ; on le fait fermenter pour en l'obtenir de l'alcool. Les résidus de féculerie et de distillerie sont consommés par les animaux, qui s'en accommodent fort bien.

Betteraves.

On cultive plusieurs variétés de betteraves : les meilleures pour la nourriture des bestiaux sont la *disette*, la *globe jaune* et *rouge*, la *jaune des barres* ; pour la fabrication du sucre on préfère la betterave *blanche de Silésie,* qui contient le plus de matière saccharine.

La betterave disette est grosse et longue ; elle croît en partie hors de terre. Les autres variétés, au contraire, pénètrent plus avant dans le sol ; les unes et les autres se plaisent dans les terrains de consistance moyenne, plutôt légers que forts. Le sol qui doit les porter a besoin d'être profondement labouré, bien divisé et fortement fumé.

On sème la graine de betterave en pépinière ou en place ; on sème en pépinière en mars ou avril, à raison de 25 kilogrammes par hectare ; sa surface doit être égale au vingtième de l'étendue du champ que l'on doit garnir.

C'est en mai ou en juin que l'on met en place les plants tirés de la pépinière ; la distance entre les lignes est de 50 à 75 centimètres et de 25 ou 30 centimètres le long de la ligne.

On repique la betterave au plantoir à main ou à

la charrue. (Voir, pour la manière de procéder à la *transplantation*, chapitre VII ci-devant.)

La betterave se sème en place, à l'aide du semoir à cheval ou du semoir à bras.

Si l'on n'a ni l'un ni l'autre de ces instruments à sa disposition, on trace les lignes sur lesquelles on doit semer, soit au rayonneur, soit au cordeau.

Lorsque les raies sont ouvertes, les ouvriers, munis d'un plantoir ordinaire, font des trous de 3 centimètres de profondeur, à la distance de 25 à 30 centimètres les uns des autres, dans lesquels ils mettent trois ou quatre graines qu'ils recouvrent.

On donne à la betterave, pendant sa végétation, des binages pour que la terre soit toujours propre et fraîche.

On récolte la betterave en octobre, à la bêche, au bident, ou à la charrue-arracheuse, après en avoir coupé les feuilles, que l'on donne au bétail; on rentre les racines dans des celliers ou dans des silos construits de la manière indiquée pour les pommes de terre.

Un hectare de betterave rend de 20,000 à 40,000 kilos.

La betterave n'est pas exclusivement employée à la nourriture du bétail.

Dans les départements où se trouvent en exploitation des fabriques de sucre, ou des distilleries de betteraves, on les vend à raison de 18 à 20 fr. les 100 kilos.

Les fabriques et les distilleries revendent ensuite les pulpes dont ils ont extrait du sucre ou de l'alcool ; les animaux en sont très-friands.

Ces pulpes, comprimées à la presse hydraulique, sont livrées aux agriculteurs au prix de 15 à 18 fr. les 100 kilos.

La betterave est, de toutes les racines, celle qui convient le mieux aux animaux d'élevage et de rente.

Avec son concours, on maintient en bon état les élèves, on obtient du lait des vaches qui reçoivent pendant l'hiver un mélange de foin et de paille, ou même de la paille.

Il est donc très-utile de planter la betterave le plus possible dans chaque ferme.

Lorsque l'on fait soi-même sa graine, on met de côté, au moment de la récolte, un certain nombre de pieds porte-graine ; on les choisit de moyenne grosseur, à racines droites.

Au printemps, on plante ces racines dans un sol bien préparé, à un mètre les unes des autres.

Le terrain reçoit plusieurs binages, et quand les tiges ont pris tout leur développement, on leur donne des tuteurs.

Lorsque la graine est mûre, on coupe les tiges, on les fait sécher dans un lieu abrité, plus tard on les bat.

Carottes.

La variété de carotte cultivée pour la nourriture du bétail est celle à collet vert ou carotte de Flandre.

La carotte se plaît dans les terrains profonds, légers, substantiels et fortement fumés.

On sème la carotte sur deux labours, dont l'un a servi à enterrer l'engrais. La graine, étant légère et petite, demande à être placée dans un sol bien émietté ; il en faut 3 kilos par hectare.

Les lignes espacées de 50 à 60 centimètres sont tracées au rayonneur. Cette graine ne pouvant, à cause de sa forme et de sa légèreté, être semée au semoir, on sème à la main ; on recouvre légèrement la semence.

Lorsque la graine est levée, on supprime une partie des plantes en donnant à la main un pre mier binage, pour placer les carottes à 15 centimètres les unes des autres.

Le second binage peut se donner à la houe à cheval.

La récolte de la carotte se fait comme celle de la betterave ; on peut aussi la laisser en terre et la prendre au fur et à mesure des besoins.

La carotte donne de 20,000 à 30,000 kilos par hectare.

La carotte se cultive quelquefois en récolte dérobée dans une céréale ; elle ne prend son développement qu'après la moisson ; on lui donne un hersage et des binages pendant le cours de sa végétation.

Les carottes sont préférées à toutes les autres racines par les bestiaux ; les chevaux en sont très-friands.

Navet.

Le navet se cultive toujours en Savoie en récolte dérobée ; il réussit particulièrement dans les terres légères, dans les chènevières.

Si on place le navet après une céréale, on prépare la terre par une fumure et par un labour suivi d'un hersage ; on sème ensuite à la volée 3 ou 4 kilos de graines par hectare, que l'on recouvre avec le rouleau.

Les cultures d'entretien consistent en binages.

Le navet se récolte de bonne heure, toujours avant la gelée ; il se conserve mal en silos ; aussi le fait-on consommer de suite par les bestiaux, qui lui préfèrent la betterave et la carotte.

Le rendement du navet varie avec les circonstances atmosphériques ; il dépasse rarement, en culture dérobée, 20,000 à 30,000 kilos par hectare.

Turneps et Rutabaga.

Le turneps ou rave du Limousin, et le rutabaga ou navet de Suède, exigent la même préparation et le même travail que la betterave.

Ils préfèrent un sol frais ; on choisit pour les repiquer un temps humide.

La surface de la terre doit être souvent rafraîchie et nettoyée ; un buttage donné à propos augmente le produit.

Le rutabaga et le turneps ne craignent pas les froids modérés ; il est bon cependant, quand on veut les rentrer, de s'y prendre de bonne heure.

Le turneps peut rendre de 20,000 à 40,000 kil. par hectare, tandis que le rutabaga en donne de 30,000 à 50,000 kilos.

Topinambour.

Le topinambour est le fourrage-racine le moins exigeant ; il s'accommode de toute espèce de terre, et peut revenir indéfiniment sur le même sol ; il n'est attaqué par aucune maladie ; il passe l'hiver en terre sans craindre la gelée.

Malgré tous ces avantages et la qualité incontestable de ses produits, le topinambour est de jour en jour moins cultivé.

Le principal reproche qu'on lui adresse est d'envahir les champs voisins de celui où on l'a planté, et de se perpétuer dans le sol où on l'a placé.

La culture du topinambour bien dirigée est la même que celle de la pomme de terre ; seulement on le plante à une distance plus considérable : 80 centimètres dans un sens et 60 dans l'autre.

On récolte le topinambour avant, pendant ou après l'hiver, au fur et à mesure des besoins. Les tiges fraîches sont mangées par les bestiaux ; on les brûle lorsqu'elles sont sèches.

Le rendement du topinambour s'augmente avec les soins et les fumures qu'on lui donne ; il descend souvent à 8,000 kilos par hectare, et peut s'élever à 40,000 kilos.

CHAPITRE XV.

Plantes parasites et animaux nuisibles aux récoltes.

—

PLANTES PARASITES.

On appelle *plantes parasites* celles qui vivent aux dépens des autres en s'implantant sur leurs racines, sur leurs tiges ou sur leurs fruits, et qui ont pour effet de désorganiser leurs tissus ou de ralentir leur végétation.

Les céréales sont attaquées par des parasites intestinaux ou biogènes, qui se développent sous l'épiderme des végétaux, le soulèvent, le rompent et s'épanouissent au dehors, répandant une poussière composée de corps regardés comme leurs graines ; tels sont la *rouille,* le *charbon,* la *carie* et l'*ergot de seigle*. Nous en avons parlé en traitant de la culture des céréales, nous n'y reviendrons pas. (Voir p. 99.)

Le trèfle et la luzerne ont à redouter l'*orobanche* et la *cuscute,* encore appelée *teigne ;* la première s'implante sur les racines des légumineuses et s'y développe ; la seconde lève en terre, et ce sont des fils sans feuilles qui vont planter leurs suçoirs sur les tiges des plantes.

On détruit l'orobanche en l'arrachant avant qu'elle ne porte graine. Pour détruire la cuscute, on a proposé avec succès des arrosages d'une dissolution de 5 à 10 kilogrammes de sulfate de fer ou vitriol par hectolitre d'eau ; on opère ainsi sans faire périr la luzerne et le trèfle ; on s'est trouvé très-bien de l'emploi de la suie et de la colombine mise en couverture. Souvent on doit recourir à l'écobuage de toute la partie envahie ; dans ce cas, les plantes périssent ; il faut donc, lorsqu'on s'est assuré que la cuscute a disparu, ressemer sur la partie brûlée après un labour à la bêche.

Les arbres fruitiers et forestiers sont envahis par des *lichens*, des *mousses*, le *lierre commun* et le *gui*.

Le gui est le seul de ces parasites qui résiste aux soins de propreté qui font disparaître les autres ; c'est que le gui n'a pas comme les autres parasites des racines qui s'arrêtent à l'écorce : elles pénètrent dans l'intérieur du ligneux et s'y implantent ; il faut, pour combattre l'extension du gui, couper les touffes qui se sont développées sur les branches avant qu'elles ne portent fruit.

ANIMAUX NUISIBLES AUX RÉCOLTES.

Les animaux nuisibles aux récoltes appartiennent aux *rongeurs mammifères*, aux *insectivores*, aux *mollusques* et aux *insectes*.

Les *rongeurs mammifères* sont le rat noir ou commun, la souris, le surmulot, le mulot. On a inventé toute sorte d'engins, toute sorte de préparations pour détruire ces rongeurs de la pire espèce.

La famille des *insectivores* fournit le hérisson et la taupe ; ces animaux détruisent une grande quantité d'insectes en ravageant, il est vrai, les fruits et les légumes ; aussi tandis que quelques

agriculteurs conseillent de leur faire une guerre à
mort, d'autres cherchent à les multiplier, parce
que leur présence dans les cultures est plus
utile que nuisible.

Parmi les *granivores*, le corbeau, la corneille,
la pie, le geai, la grive, le merle, l'étourneau, le
gros-bec, le pinson, le moineau et beaucoup
d'autres, vivent, il est vrai, une partie de l'année
sur les récoltes, sur les vignes ; mais on oublie
trop facilement qu'ils sont aussi omnivores, et
qu'ils détruisent, après l'enlèvement des récoltes,
une quantité considérable d'insectes qui sans eux
se multiplieraient à l'infini.

Les *mollusques* nous donnent les hélices ou
limaçons et les limaces.

Les *limaçons* ont une coquille d'une seule pièce ;
ils comprennent un grand nombre de variétés ; les
plus nuisibles sont : l'escargot des vignes, la jar-
dinière, l'hélice livrée, qui restent cachés pendant
le grand jour, mais qui sortent et dévorent les
jeunes pousses pendant les temps obscurs, pluvieux et surtout pendant la nuit.

Le seul moyen de les détruire est de les sur-
prendre pendant leur course, ou pendant l'hiver
lorsqu'ils sont engourdis.

Les *limaces* sont nues. Les espèces les plus
destructives sont la limace rouge, la limace noire

et cendrée, la limace agreste ; cette dernière, quoique très-petite, est la plus dangereuse, parce qu'elle se multiplie à l'infini et qu'elle s'attaque aux plantes au moment de leur sortie de terre.

On combat la limace, en grande culture, en roulant avec un rouleau pesant, en saupoudrant le champ qui en est attaqué de poussière de chaux vive, de cendres non lessivées ou simplement de sable.

Dans la petite culture, on place des ardoises, des planches, des feuilles de chou, le long du champ, et pendant le jour on ramasse les limaces qui se sont retirées dessous.

D'autres fois il suffit, pour les faire disparaître, d'une certaine quantité de poules, de canards, de dindons.

Les *insectes* qui attaquent les récoltes sont innombrables ; citons les plus malfaisants.

Le *taupin strié*, à l'état de larve, détruit les racines du froment ; le *charançon* creuse le grain ; l'*alucite* ou teigne des blés est une espèce de chenille qui pénètre le grain pour en manger la farine, puis elle réunit trois ou quatre grains ainsi creusés et s'enveloppe d'une soie blanche pour y passer l'hiver.

La *courtilière* ou *taupin-grillon* et le *ver blanc* ou *man* s'attaquent aux racines des plantes hercacées qu'ils coupent entre deux terres ou qu'ils rongent partiellement. Les vers blancs se transforment ensuite en hannetons, pour s'abattre sur les feuilles des arbres et se reproduire.

Les *altises* ou puces de terre dévorent les robes de la plupart des légumes des champs et les jardins ; tandis que le *criocère* attaque exclusivement les jeunes asperges.

La *sauterelle* et surtout le *criquet*, de même que le *grillon champêtre* et *domestique*, rongent de préférence les herbes de nos prairies.

Les diverses variétés de *chenilles annulaires*, *processionnaires*, les *pucerons*, les *fourmis*, les *hermès*, s'attaquent à nos arbres fruitiers et forestiers ; la *mouche*, la *teigne* déposent sur les fruits des œufs, qui donnent naissance à des vers qui en corrompent la pulpe.

Le *charançon*, l'*attélabe*, les *mites* pénètrent les fruits à noyau ; enfin la *guêpe*, la *fourmi*, le *bourdon*, la *punaise*, mangent la chair des fruits les plus sucrés.

L'*eumolpe* encore appelé *gribouri*, *berdin*, *pique-brocs*, *vendangeur*, *coupe-bourgeon*, *écrivain*, et la *pyrale* sont les deux ennemis principaux des vignes ; l'un et l'autre s'attaquent aux jeunes bourgeons, aux feuilles et aux fruits ; l'insecte et ses larves travaillent à l'envi à la destruction de la récolte.

ANIMAUX DESTRUCTEURS DES ANIMAUX NUISIBLES.

Quelques espèces de *chiens*, le *chat*, les *oiseaux de nuit*, le *hérisson*, les *oiseaux de proie*, font la guerre aux rongeurs mammifères et aux insectivores nuisibles dont nous avons parlé.

Les oiseaux de basse-cour, et surtout l'*oie*, le *canard*, le *dindon* et la *poule* ; les granivores tels que le *corbeau*, la *corneille*, la *pie*, le *geai*, mangent les mollusques.

Le *martinet*, l'*hirondelle*, la *fauvette*, le *pouillot*, le *roitelet*, le *rossignol*, le *rouge-gorge*, la *mésange* et généralement tous les oiseaux à bec effilé et large, détruisent de grandes quantités d'insectes.

La *grenouille*, le *crapeau* et le *lézard* détruisent aussi beaucoup d'insectes malfaisants.

CHAPITRE XVI.

Végétaux ligneux.

Les végétaux ligneux sont ceux qui conservent leurs tiges et leurs branches et qui végètent pendant un nombre d'années plus ou moins considérable.

MULTIPLICATION DES VÉGÉTAUX.

Les végétaux ligneux se multiplient par semis, par marcottage et par bouture.

On appelle *franc* l'arbre qui tient sa naissance de pepins ou de fruits à noyaux.

Semis.

Les semis ont l'avantage de produire des individus d'une plus belle croissance et d'une plus grande longévité que les végétaux ligneux venus par marcotte et par bouture.

Les semis se font sur des terrains qu'on appelle des *pépinières,* appropriés à leur destination par des drainages, des défoncements, des labours répétés et des fumures.

On sème en automne ou au printemps; on doit, avant de confier la semence à la terre, s'assurer qu'elle n'a pas perdu ses facultés germinatives.

Selon qu'on veut produire des arbres fruitiers ou forestiers, on sème les premiers en ligne et les seconds à la volée; on les recouvre plus ou moins : leur finesse sert de règle à cet égard.

Les semis sont binés, aussi souvent qu'on le reconnaît nécessaire pour maintenir la terre en état de proprété.

Quelquefois on éclaircit les plants.

Pendant la sécheresse, on arrose après le coucher du soleil ; enfin, dans les pays où l'hiver es[t] rigoureux, on couvre le semis de paille pour empêcher les jeunes plantes de geler.

Marcottes.

Une marcotte est une tige à laquelle on fait pousser des racines, ou une racine à laquelle on fait pousser une tige, avant de la séparer de l'individu dont elle fait partie et de la planter comme si elle était venue de semis.

 Il y a des arbres qui produisent des marcottes sans l'intervention de l'homme ; tels sont l'acacia, le prunier et certains peupliers. D'autrefois, il suffit de rabattre une tige près de terre pour faire naître une quantité de bourgeons, qui s'enracinent presque aussitôt, et qu'on peut séparer l'année suivante. Enfin, on pratique le marcottage par provin ; ce mode de marcottage est surtout employé pour la vigne et pour quelques arbustes d'ornement.

La partie qu'on a mise en terre développe des racines ; la branche vit pendant ce temps aux dépens de la souche mère. Lorsque la marcotte paraît assez vigoureuse, on la détache de la souche et on la transplante ailleurs.

Boutures.

Une bouture est une partie de végétal séparée de l'individu auquel elle appartenait, et que l'on met en terre pour faire naître des racines à la partie souterraine, et des feuilles à la tige.

On ne peut faire des boutures avec toute espèce de végétaux ligneux ; les bois tendres, tels que les saules, les peupliers, les platanes, les vignes, etc., sont ceux qui réussissent le mieux.

Pour qu'une bouture devienne un arbre, il faut qu'elle ait été coupée sur une plante qui ait achevé sa végétation, et que le sol soit pénétré d'une humidité suffisante.

On fait des boutures avec du bois d'une seule année, avec le même bois auquel on laisse une partie du talon qui l'unissait à la branche dont on l'a détachée ; enfin la bouture est en crossette lorsque le talon est remplacé par un crochet de quelques centimètres de vieux bois.

On appelle plançon la bouture de saule et de peuplier.

La culture de la bouture consiste à la mettre en terre à une profondeur convenable, à plomber le sol tout autour pour qu'il maintienne de la fraîcheur à la partie souterraine et fasse naître des racines.

Il faut arroser et pailler au besoin les boutures
pour diminuer les effets d'une sécheresse prolongée.

Education des arbres en pépinière.

Les semis, les marcottes et les boutures se font
dans des pépinières.

Quelques végétaux ligneux, qui doivent être
plantés jeunes, sont seuls mis immédiatement en
place.

On replante les autres à la première, deuxième
ou troisième année, pour les fortifier avant de les
mettre en place.

Pour replanter un arbre, il faut l'*enlever* de la
pépinière, l'*habiller* et le *planter de nouveau.*

L'*arrachage* doit se faire en creusant, sur l'un
des deux côtés du semis, une tranchée, de manière à enlever les jeunes plants sans effort,
sans déchirer les racines et le chevelu.

L'*habillage* consiste à supprimer les parties de la
racine et de la tige, qui se sont détachées ou qui
compromettent la régularité de la forme et l'équilibre qui doit exister entre la racine, la tige et les
branches.

La *plantation*, selon la force des semis, se pratique en rigoles, c'est-à-dire en creusant, le long
d'un cordeau, une rigole, une jauge dans laquelle

on place les jeunes plants ; on les recouvre avec la terre de la seconde jauge. La plantation se fait au *plantoir* lorsqu'il est possible de loger les racines du plant dans le trou ouvert par cet instrument.

Souvent on fait subir aux plants plusieurs transplantations, en leur donnant de plus en plus d'espace.

C'est toujours en pépinière qu'on greffe les arbres venus de semis ; on les prépare à cette opération par des recépages, des ébourgeonnages, qui ont pour but de développer la racine et de donner à la tige la forme spéciale pour laquelle on élève le plant.

Greffes.

La greffe a pour but de propager les variétés non transmissibles par la graine. Elle consiste dans le transport d'une portion de plante sur une autre plante, avec laquelle elle contracte adhérence, et sur laquelle elle continue à se développer, comme elle l'aurait fait si elle était restée à sa place naturelle.

La greffe, qu'avec un peu d'attention et de soin tous les cultivateurs peuvent pratiquer, permet de transformer en excellents fruits les sauvageons de pommier, de poirier, de prunier et de cerisier, qui poussent dans les haies et dans les bois ; avec le secours de la greffe, on peut remplacer dans les treilles et dans les vignes les raisins de mauvaise qualité qui y croissent.

Les cultivateurs qui se plaignent de manquer de fruits ne doivent s'en prendre qu'à eux-mêmes, car il dépend d'eux seuls de se les procurer.

On appelle *sujet* l'arbre sur lequel on opère, et *greffe* la portion de branche qu'on y place et qui fournira les mêmes fleurs et les mêmes fruits que l'arbre dont elle a été détachée.

On appelle *scions* les rameaux avec lesquels on pratique les différentes espèces de greffes.

Pour que la greffe réussisse, il faut que le sujet et la greffe soient du même genre, ou tout au moins de la même famille ; plus la parenté est proche, moins la nature est contrariée dans son œuvre, et plus le succès est certain.

On greffera le poirier sur franc de poirier ou sur cognassier ; le pommier sur franc de pommier ou sur le sauvageon des bois ; le prunier sur le prunellier de haie ou sur franc ; l'abricotier sur prunier ou sur franc d'abricotier ; le pêcher sur l'amendier, le prunier, le prunellier et sur franc de pêcher ; le cerisier sur sauvageon des bois ou sur franc de cerisier ; le néflier sur l'aubépine et sur le cognassier pour les terrains frais.

La greffe doit toujours être prise sur un arbre sain et vigoureux ; les rameaux ou scions ne doivent pas avoir plus de deux ans ; ceux d'un an sont d'une reprise plus assurée.

La greffe sur franc donne des arbres vigoureux, qui se mettent difficilement à fruit ; sur cognassier, au contraire, les arbres durent moins et se mettent vite à fruit ; c'est au cultivateur à étudier le sol sur lequel il veut planter les arbres, et à les choisir en conséquence.

On opère la greffe de cinq manières différentes : par *approche,* en *fente,* en *couronne,* en *écusson* et en *sifflet.*

Greffe par approche. — Pour la greffe par approche, il faut que les deux sujets sur lesquels on veut opérer soient assez rapprochés l'un de l'autre pour que leurs branches puissent se joindre.

On la pratique en enlevant une partie d'écorce et un peu d'aubier sur l'une et sur l'autre des deux plantes ; on met ensuite les plaies en contact, et on ligature avec un fil de laine ; dès qu'un bourrelet se forme au-dessus des parties réunies, la soudure est complète, on coupe alors la greffe au-dessous de son point d'attache.

Greffe en fente. — La greffe en fente est celle qui est généralement pratiquée dans nos campagnes ; on la fait à toutes les hauteurs ; il convient cependant de ne pas la placer en pépinière au-dessus de 15 centimètres du sol. Voici comment on procède : on coupe la tige, à la serpe ou à la scie, au printemps, au moment où les bourgeons se gonflent ; on unit la plaie et on fend le sujet à 5 ou 6 centimètres de profondeur, en maintenant la fente ouverte ; on prend alors la greffe qu'on taille en lame de couteau sur une longueur convenable. En plaçant la greffe sur le sujet, les écorces sont mises en contact l'une de l'autre ; il ne restera plus qu'à faire une ligature avec de la grosse laine, ou simplement avec de l'osier. On recouvre la plaie avec de la terre glaise mêlée à de la bouse de vache, ou avec un mastic quelconque ; on recouvre le tout d'un morceau de vieille toile.

La greffe en fente est dite double, lorsqu'au lieu de fixer un seul scion, on en place deux en face l'un de l'autre ; plus tard, on conserve le plus fort.

On emploie cette même greffe pour placer sur un arbre des rameaux à fleurs.

La greffe en fente se pratique aussi en automne, jusqu'en décembre, pourvu qu'il ne gèle pas et qu'il reste assez de sève en mouvement pour souder la greffe au sujet.

Greffe en couronne. — La greffe en couronne est l'application de la greffe en fente à de gros arbres, qu'il est utile de rajeunir ; elle se pratique un peu plus tard que la première, avec des greffes conservées en cave ; on en place huit ou dix en couronne sur le sujet étêté, sauf à supprimer celles qui deviendraient inutiles ; seulement la greffe est taillée en biseau, et au lieu d'être mise en contact avec l'écorce et l'aubier, elle se trouve en contact avec l'aubier et le liber. On fait ensuite une ligature et on mastique.

Greffe en écusson. — La greffe en écusson se fait à la sève de printemps et à la sève d'août. La première est dite à œil poussant, parce qu'elle mûrit son rameau la même année ; la seconde à œil dormant, parce que le bourgeon ne fait que se souder avant l'hiver.

On se sert, pour la greffe en écusson, d'un jet de l'année levé au moment d'opérer ; on en détache un œil au greffoir avec une plaque d'écorce et un peu d'aubier.

Le sujet reçoit cette greffe dans une section en T faite dans l'écorce ; on soulève l'écorce incisée des deux côtés, puis on y introduit l'écusson que l'on maintient avec de la laine filée, mais non retordue.

Quand on écussonne au printemps, on ne conserve au sujet qu'un seul œil au-dessus de la greffe ; on coupe le reste.

Pour l'écussonnage d'août, on ne fait cette suppression qu'au printemps.

Greffe en sifflet. — On fait la greffe en sifflet sur le châtaignier, le mûrier et le noyer. Pour la pratiquer, il faut se procurer des greffes de différentes grosseurs en pleine sève.

On choisit ensuite sur le sujet des branches de même grosseur que la greffe; on les coupe à quelques centimètres du tronc, et on leur enlève un anneau qu'on remplace de suite par un anneau de greffe, pourvu d'un bourgeon vers le milieu de sa longueur.

Culture des arbres fruitiers.

Le poirier, le pommier, le prunier, le cerisier, le pêcher, l'abricotier, l'amandier, le cognassier, le noyer, le châtaignier, le sorbier domestique et le néflier, sont les arbres cultivés dans la région que nous habitons.

Le groseillier, le framboisier, le vinettier en sont, avec la vigne, les arbrisseaux.

Le poirier aime un terrain profond, argilo-siliceux, frais ; le pommier ne craint pas les sols un peu secs et graveleux ; le pêcher demande un sol profond, perméable, calcaire, exempt d'humidité ; le prunier se plaît dans un sol argileux, calcaire, et frais ; le cerisier aime les terrains légers, siliceux, légèrement calcaires ; l'abricotier préfère un sol argilo-calcaire, un peu frais.

Plantation des arbres fruitiers.

Le terrain destiné à la plantation des arbres fruitiers doit recevoir des cultures préparatoires, qui mettent leurs racines dans les meilleures conditions possibles pour se développer ; il doit être exempt de toute humidité permanente, et fournir une couche de terre profondément remuée.

Les meilleurs fruits viennent dans les terres calcaires et siliceuses.

S'il s'agit de planter des arbres de verger, ou de remplacer ceux qui ont péri, on creusera, aussi longtemps à l'avance que possible, des fossés de deux mètres de largeur sur un mètre de profondeur.

Généralement, les plantations d'automne réussissent mieux que celles de printemps.

Les arbres, quelle que soit leur provenance, doivent conserver toutes leurs racines ; on obtient ce résultat en ouvrant des jauges le long de la rangée d'arbres qu'il s'agit d'enlever de la pépinière; moins on supprimera de racines à l'arbre, plus on pourra lui conserver de branches.

Si l'arbre a été bien arraché, l'habillage, qui précède la mise en terre, consiste à enlever avec la serpette les racines éclatées ou déchirées, et à raccourcir les rameaux ; si, au contraire, les racines ont été mutilées, il faut laisser peu de rameaux.

On place l'arbre sur une couche de bonne terre, les plus fortes racines tournées au nord, et, pendant qu'un ouvrier le maintient droit, un autre comble le creux ; il convient de ne pas enterrer le collet de l'arbre, et de le mettre en place à la profondeur qu'il occupait dans la pépinière.

Le tuteur, destiné à préserver l'arbre des coups de vent, doit être placé du côté d'où vient le vent dominant dans la contrée.

Taille des arbres fruitiers.

La taille des arbres a pour but de leur donner des formes spéciales, de les mettre à fruit, d'augmenter leur volume et de régulariser leur production.

Les arbres vigoureux, les francs, sont plus difficiles à maîtriser, à mettre à fruit, que ceux à petite forme, qui sont greffés sur cognassier ; il faut allonger la taille des premiers et raccourcir celle des autres.

Plus la taille est énergique, plus elle ouvre de larges plaies sur la charpente d'un arbre, plus sa santé, sa force en sont altérées.

Pour éviter d'avoir annuellement à couper de grosses pousses, on supprime, pendant la végétation des arbres, les bourgeons qui doivent porter un rameau inutile.

Quand on taille un arbre, l'amputation doit être faite en biseau, à quelques millimètres des bourgeons qu'on veut développer.

On taille au-dessus d'un œil pour continuer une branche ; on taille sur un bourgeon de côté si on veut regarnir un vide ; pour redresser une branche faible qui s'écarte trop de la tige, on taille sur le bourgeon de dessus.

La pratique modifie ces règles générales, qui ne sont pas sans exception.

Pour tailler, on emploie le sécateur et la serpette ; la serpette est préférable, parce qu'elle n'exerce pas de pression sur le bois.

Suivant la nature des arbres sur lesquels on doit opérer, on modifie la taille ; les arbres à pepins portent leurs fruits sur de petites pousses de deux à trois centimètres, appelées lambourdes, qui restent de deux à trois ans à se former ; elles viennent sur de petites branches appelées brindilles ; toutes les autres parties de l'arbre sont destinées à former sa charpente.

Les arbres à noyaux portent les fruits sur les seuls rameaux de l'année.

Le jardinier doit donc avoir en vue, outre la forme générale de l'arbre, de conserver les lambourdes et les brindilles sur les arbres à pepins, et d'obtenir des branches de remplacement sur les arbres à noyaux.

Formes auxquelles on assujettit les arbres fruitiers.

La taille de formation des arbres de vergers en plein vent est fort simple.

Lors de la plantation, on leur coupe la tête à deux mètres environ au-dessus du sol.

Les yeux placés au-dessous de la taille ne manquent pas de pousser, la même année, un certain nombre de rameaux. On en choisit trois ou quatre pour faire des *branches-mères*. On les taille au printemps suivant en leur laissant, selon leur vigueur, de deux à six yeux. On retranche les bourgeons intérieurs, et on abandonne les autres à leur développement naturel, jusqu'à la taille suivante, qui doit être la dernière, et qui ne conserve à l'arbre que les branches qui lui sont indispensables.

Les années suivantes, on n'a qu'à débarrasser l'arbre des branches qui tendent à prendre une direction verticale, et celles qui poussent vers l'intérieur.

Les formes principales auxquelles on assujettit les arbres fruitiers sont : en plein vent, la *pyramide*, la *quenouille*, le *fuseau*, le *vase* ou *gobelet* ; en espalier, le *cordon oblique*, la forme *en U*, l'*éventail*, la *palmette simple*, la *palmette double*, le *candélabre*, la *treille en cordon*.

La *pyramide* est conique ; les branches de la base sont les plus longues ; elles diminuent de plus en plus en arrivant vers le sommet.

La *quenouille* diffère de la pyramide en ce que les branches les plus étendues occupent la partie moyenne de l'arbre ; elles vont en diminuant à mesure qu'elles approchent du sommet ou du pied de l'arbre.

Le *fuseau* consiste à élever un arbre sur une seule branche-mère verticale ; on taille court les branches secondaires, et par le pincement, on force les bourgeons à bois à se changer en brindilles et en lambourdes qui donneront des fruits.

Par la taille en *vase* ou en *gobelet*, on donne à un arbre la forme d'un verre à pied. Pour l'obtenir, on fait développer quelques bourgeons en couronne à 50 centimètres de terre, et lorsqu'ils sont suffisamment allongés, on régularise leur position en plaçant un cerceau auquel on les lie.

Espalier. — On donne le nom d'espalier à la culture des arbres fruitiers, sur un treillage en bois ou en fil de fer, placé contre un mur ou contre un abri quelconque.

On donne le nom de *contre-espalier* à cette même culture, appliquée sur un treillage isolé.

La plantation des arbres en espalier rend applicable les formes suivantes :

Le *cordon oblique* et la forme *en U* reposent sur un même système ; il consiste, pour le cordon oblique, à planter des arbres à 20 ou 25 centimètres de distance, et, pour la forme en U, à 50 centimètres et à les coucher contre un espalier en les inclinant à 45 degrés. Dans la forme en U, on ménage deux branches partant du point le plus rapproché du sol. On dirige la taille de ces arbres comme des fuseaux.

Ces mêmes formes sont dirigées verticalement lorsqu'on a un mur très-élevé à garnir.

La *palmette* consiste en une tige verticale, portant à droite et à gauche des branches équidistantes, de même longueur, horizontales ou obliques.

La *palmette double* se compose de deux tiges verticales, portant l'une à droite, l'autre à gauche, plusieurs lignes de branches suivant la même inclinaison.

L'*éventail* s'élève sur quatre ou six branches-mères, moitié à droite, moitié à gauche, sans branches-mères au milieu.

Le *candélabre* est une palmette dont les branches latérales se relèvent verticalement à l'extrémité, en gardant entre elles une distance symétrique.

La treille en cordon se compose d'une branche-mère couchée horizontalement, sur laquelle on ménage des bourgeons fructifères.

Culture d'entretien des arbres fruitiers.

Labours, binages, arrosages. — On donne aux arbres fruitiers des labours superficiels, pour ne pas blesser leurs racines. C'est au printemps et en automne qu'il convient de les appliquer. La fumure, qui consiste en compost ou en engrais bien consommé, se place sur le dernier labour ; si l'herbe envahit le terrain, on bine ; si la sécheresse sévit, on arrose.

Incision annulaire. — L'incision annulaire a pour but d'assurer la fructification et de hâter la maturité du fruit ; elle consiste à enlever avec un instrument spécial, ou avec une serpette, un petit anneau d'écorce au dessous du fruit.

On l'utilise aussi pour faire développer un œil latent ou paresseux.

Pincement. — Pincer, c'est couper avec les ongles les extrémités des jeunes pousses, qui, sans cette suppression, prendraient trop de développement. On commence le pincement aussitôt que les bourgeons ont de sept à dix centimètres et on les continue pendant toute la saison.

Si l'arbre est vigoureux, le pincement a pour effet immédiat de porter la sève sur les boutons latéraux placés au-dessous de la partie supprimée; ces boutons se développent rapidement, il faut les pincer de nouveau.

Ces pincements permanents augmentent le travail du jardinier; pour éviter cet inconvénient, on a proposé avec succès, ou de ne pincer que lorsque le rameau a de vingt à vingt-cinq centimètres de longueur au lieu de huit à dix, ou encore de remplacer le pincement par la cassure tardive des bourgeons, en juillet ou en août.

La *taille d'été* est limitée à la suppression des rameaux déjà trop développés et à l'état ligneux ; on la pratique graduellement lorsque la circulation de la sève est ralentie.

On taille le pêcher en vert lorsque les fruits sont noués ; on supprime tous les bourgeons qui n'en ont pas, au-dessus du deuxième œil, l'abondance de la sève les fait de suite développer ; on a ainsi, à la place des rameaux principaux, des rameaux anticipés qui l'année suivante se mettront à fruit.

Suppression des fruits. — Aussitôt qu'ils sont

noués, on éclaircit les fruits du poirier, du pommier et de l'abricotier. Pour le pêcher, c'est un
peu plus tard. Sur les jeunes arbres, on laissera
moins de fruit que sur ceux qui sont plus âgés ;
il faut surtout dégarnir les parties faibles. On
éclaircit les grappes de raisin avec des ciseaux,
aussitôt que les grains ont atteint la grosseur d'un
gros plomb de chasse.

Suppression des feuilles. — L'effeuillage a pour
but de donner de l'air et de la lumière aux fruits
qui approchent de la maturité ; on doit procéder à
l'effeuillage avec prudence pour ne nuire ni aux
fruits ni à la branche.

Nous avons indiqué ailleurs les insectes qui attaquent les arbres fruitiers et les moyens de les
combattre ; nous n'y reviendrons pas.

Cueillette des fruits.

On reconnaît la maturité des fruits d'été à la
couleur et au toucher.

On récolte les fruits d'automne et d'hiver aussitôt qu'ils ont atteint leur complet développement ; plus on avance l'époque de la cueillette, plus
la maturité devient tardive au fruitier ; plus on la
retarde, plus les fruits cueillis mûrissent vite.

La cueillette doit se faire par un temps sec,
dans le milieu du jour ; on prend les fruits un à

un pour les détacher sans casser le pédoncule, sans blesser l'arbre ; ils sont placés dans des corbeilles en couches peu épaisses pour être transportés dans un lieu aéré où ils perdent une partie de leur eau de végétation ; ce n'est que huit ou quinze jours après qu'on les porte au fruitier.

Une température maintenue de six à dix degrés est celle qui convient au fruitier ; on place les fruits sur des tablas et on les visite souvent. Si l'on veut hâter la maturité des fruits, on les porte dans un local plus chaud que le fruitier.

PRINCIPALES VARIÉTÉS DE FRUITS CULTIVÉS

EN FRANCE.

Choix de poires à cultiver d'après l'époque de leur maturité.

Juillet-août. — Citron des Carmes, Doyenné de juillet, Beurré William, Epargne, Beurré de Mérode, Beurré d'Amanlis, Bergamotte d'été.

Septembre. — Verte longue panachée, Seigneur, Rousselet de Reims, Jalousie de Fontenay, Fondante des bois, Bonne-d'Ezée, Bonne-Louise d'Avranche, Beurré Hardy, Beurré de Nantes.

Octobre. — Beurré Clairjeau, Beurré gris, Délices d'Hardenpont, Doyenné blanc, Duchesse-d'Angoulême, Marie-Louise, Soldat-Laboureur.

Novembre el décembre. — Van-Mons, Triomphe de Jodoique, Passe-Colmar, Nec plus mûris, Messire Jean, Martin sec, Beurré Six, Beurré Diel, Beurré d'Hardenpont, Beurré de Luçon, Bergamotte, Crassanne.

Janvier à mars. — Doyenné d'hiver, Vauquelin, Tardive de Toulouse, Saint-Germain, Joséphine de Malines, Fortunée, Catillac, Beurré de Rance, Beurré de Luçon, Bergamotte Esperen.

Choix de pommes à cultiver.

Pommes de première saison. — Calville d'été, Calville rouge d'automne, Saint-Sauveur, Pomme framboise, Prince-d'Orange, Rambourg d'été.

Pommes d'hiver. — Api rose, Calville blanc, Rouge d'hiver, Reinette grise, Reine des reinettes, Reinette de Bretagne, de Caux, de Cusy, de Hollande.

Pommes d'hiver et de printemps. — Bonne de mai, Calville blanc, Senouillet gris, Court-pendu royal, Susine.

Choix de prunes à cultiver.

Prunes précoces. — Monsieur Hâtif, Reine-Claude verte, Prunes d'Agen, Damas violet, Petite-Mirabelle, Monsieur jaune, Précoce de Tours, Reine-Claude diaphane.

13

Prunes tardives. — Jaune tardive, Mirabelle grosse, Tardive musquée, Reine-Claude de Bavay, Sainte-Catherine.

Choix de pêches à cultiver.

Pêches précoces. — Grosse Mignonne hâtive, Galande, grosse Mignonne ordinaire, Belle Beauce.

Pêches tardives. — Madeleine de Courson, Pêche de Malte, Bonouvrier.

Choix d'abricots à cultiver.

Abricotiers précoces. — Royal, Angoumois commun.

Abricotiers tardifs. — Abricot Alberge, Beaugé, Pêche de Versailles.

Choix de cerises à cultiver.

Cerises précoces.— *Juin.*— Bigarreau gros blanc, Gros hâtif, Jaboulay, Guigne-Blanche ombrée, Noire hâtive.

Cerises proprement dites. — Cerise de Vaux, Reine-Hortense, Royale d'Angleterre.

Cerises de Juillet. — Bigarreau gros noir, Gros rouge, Napoléon, Guigne-Rival, Agathe.

Cerises proprement dites. — Belle de Chatenay, Commune de Montmorency, Griottes de Portugal, Acher.

Cerises d'Août. — *Cerises proprement dites.* Commune tardive, Royale d'Angleterre tardive. — Griottes du Nord.

Cerise de Septembre et d'Octobre. — Griotte de la Toussaint.

Choix de raisins de table inscrits d'après leur précocité.

Ischia, Lignan, Blanc précoce musqué de Courtiller, Malingre, Chasselas doré, Chasselas Royal, Fendant rose, Fendant roux, Madeleine noire, Caillaba noir, noir de Lierval, Baclau, Chasselas croquant, Espagnin blanc et noir, Frankental, Muscat noir du Jura, Muscat d'Alexandrie, Olivette blanche et noire, Saint-Antoine.

ARBRES FRUITIERS A GRAND DÉVELOPPEMENT.

Le noyer et le châtaignier sont des arbres fruitiers que leur grand développement ne permet de placer ni dans un jardin, ni même dans un verger, où l'on cultive des poiriers, des pommiers et des cerisiers. Leur ombre et leurs racines porteraient trop de préjudice à ces arbres que l'on rapproche les uns des autres.

On réserve au noyer et au châtaignier les bordures des champs, ou des lieux spéciaux appelés noyeraie ou châtaigneraie; ils y sont plantés à la distance de 11 à 15 mètres.

Noyer.

Le noyer commun, originaire de la Perse, a été introduit en Europe par les Romains.

Le fruit du noyer fournit la moitié de l'huile que nous consommons ; on l'utilise aussi dans les arts. On consomme la noix avant et après sa maturité ; dans le premier cas, elle prend le nom de *cerneau.*

Le bois du noyer est un des plus beaux de l'Europe ; il est doux, flexible, et prend un beau poli.

Le noyer ne se reproduit que de semis ; mais on a obtenu un certain nombre de variétés qu'on reproduit par la greffe à *écusson* à *œil dormant* ou à *œil poussant,* ou mieux par la *greffe en sifflet.* On greffe de préférence les sujets en pépinière.

Les variétés les plus recommandées sont : *le noyer à gros fruit,* long, coque peu dure, bien pleine, très-fertile ; le *noyer à coque tendre* ou *noix à mésange,* noix allongée très-tendre, souvent percée au sommet par les mésanges, bien pleine, produisant beaucoup d'huile ; c'est une des meilleures variétés. Ces variétés ne se reproduisent que par la greffe.

Le *noyer* à *coque dure* ou *noix anguleuse,* le *noyer de la Saint-Jean,* le *noyer fertile,* le *noyer à petit fruit*, ou *noyer noisette*, de même que le *noyer à très-gros fruit* ou *noix de jaugo, noix bijou, noix lombarde*, en Savoie, se reproduisent de semis.

Le noyer, peu difficile sur la nature du sol, craint les hivers rigoureux; il ne redoute pas moins les gelées tardives du printemps, qui détruisent les fleurs et les jeunes bourgeons.

Pour faire des semis, on choisit des noix des variétés les plus rustiques, les plus vigoureuses; puis on les stratifie jusqu'à la fin de février. A ce moment on ouvre un petit fossé; on place au fond des tuiles ou des ardoises, pour empêcher le pivot de se développer et assurer la reprise de l'arbre transplanté ; on plante les noix à la distance de 70 centimètres les unes des autres.

Ce n'est que cinq à six ans après qu'on peut les placer à demeure.

Le noyer est cultivé en Savoie à l'altitude où croît le froment. Peu des innombrables noyers que l'on y rencontre ont été greffés ; cette négligence est d'autant plus regrettable, que la greffe est le seul moyen de combattre les gelées tardives du printemps qui détruisent si souvent ses fruits naissants.

Châtaignier.

Le châtaignier est un arbre dont le fruit joue un trop grand rôle dans l'alimentation des habitants de nos campagnes pour que nous n'en disions pas un mot.

Le châtaignier ne se cultive, comme le noyer, qu'en plein vent; on le multiplie de semence; c'est par la greffe que l'on obtient les beaux fruits que l'on récolte à Saint-Innocent et sur plusieurs communes de la Savoie; on greffe le châtaignier en pépinière, soit en *fente,* soit en *écusson à œil dormant.* Les plus grosses châtaignes s'appellent *marrons.* — En les plantant, il faut soigneusement conserver le pivot.

Le châtaignier est long à donner ses fruits; il n'est en plein rapport qu'à l'âge de trente ans.

———

CHAPITRE XVII.

Arbres à produits industriels.

———

VIGNE. — SA CULTURE.

Mots employés dans le langage viticole.

La *vigne* est l'arbuste qui produit le raisin destiné à la fabrication du vin; le *vignoble* est le terrain planté de vignes.

On donne le nom de *cépages* aux variétés de raisins ; de *cep* au pied de la vigne pris isolément ; de *tige* à la partie comprise entre le sol et les branches ; de *coursons* aux branches mères attachées directement à la tige ; de *sarments* à la branche de l'année ; d'*œil* au bourgeon d'où doit sortir un sarment ou un fruit ; de *pampre* à une branche de vigne garnie de ses feuilles ; de *branches-gourmandes* à celles qu'on n'attendait pas et qu'on doit supprimer ; de *vrilles* aux pousses fines qui remplacent de distance en distance les feuilles ou les raisins et qui servent à lier la vigne à tous les corps qu'elle rencontre lors de son développement.

On appelle *pédoncule* le support du raisin ; *grappe* le raisin entier ; *rafle* la grappe isolée dépourvue de ses grains.

La *bouture simple,* coupée tout entière sur un sarment de l'année reçoit le nom de *chapon ;* si on conserve à cette bouture un crochet de vieux bois, elle prend le nom de *crossette.*

Enfin on donne le nom de *chevelées* ou *barbues* de un an ou de deux ans, aux boutures de vigne enracinées.

Climat, terrain, situation, exposition,
qui conviennent à la vigne.

Le climat de la France convient spécialement à la vigne ; cependant en Flandre, en Picardie, en Normandie, en Bretagne, et toutes les fois que l'on dépasse une certaine altitude, il n'est plus possible de la cultiver avantageusement.

Les terrains siliceux, calcaires, granitiques et tous ceux qui sont formés des débris réunis de ces roches, donnent les meilleures qualités de vin.

On cultive la vigne dans toute espèce de sols, pourvu qu'ils soient exempts d'humidité permanente.

En thèse générale, tout sol qui a une profondeur de 30 à 40 centimètres, à moins qu'il ne soit tout à fait argileux, est propre à la culture de la vigne.

On place de préférence la vigne sur les coteaux légèrement inclinés, parce qu'ils y reçoivent mieux les rayons solaires ; dans le Midi, on préfère l'exposition au sud-est ; dans les autres parties de la France, c'est le sud, puis le sud-est, le sud-ouest, l'est et l'ouest.

Le voisinage d'un bois couronnant un vignoble est considéré comme avantageux ; celui d'un marais, d'un cours d'eau, l'expose aux gelées de printemps.

Le terrain destiné à former un vignoble doit être soigneusement drainé, s'il est humide, puis défoncé à la charrue ou à la main ; les travaux seront exécutés avant l'hiver, pour que la terre ait le temps de se mûrir et de s'asseoir avant la plantation.

CÉPAGES SPÉCIAUX A LA SAVOIE.

Cépages rouges.

Tous les vignobles qui produisent les meilleurs vins de la Savoie sont plantés de *mondeuse*, aussi désignée sous le nom de *marve, mollette, mandouse, persaigne, marsanne rouge*, etc.

La *mondeuse* est un plant robuste et productif, qui donne un vin de qualité très-solide ; mais il exige, pour compléter sa maturité, pour fournir un vin de choix, une chaleur uniforme, prolongée et assez élevée.

Le *persan* est encore un des plants les plus répandus en Savoie ; il y reçoit le nom de *beccu, becuette, prinssens, étris*, etc.; ce cépage est rustique et fécond ; il achève sa maturité plus tôt que la mondeuse , mais la forme serrée de sa grappe prédispose le raisin à la pourriture. Le persan donne un vin solide, vineux, prompt à se faire, agréable, qui entre de bonne heure dans la consommation.

La *douce-noire* ou *corbeau*, encore appelée *Mont-mélian*, est un plant cultivé en treillages ; il s'en trouve cependant une proportion variable dans nos vignobles, et surtout dans ceux de la montagne de Montmélian. Riche en matières sucrées et en matières colorantes, la douce-noire donne un vin agréable, prompt à se faire, mais qui ne se conserve pas longtemps.

Le *hibou, hivernais* ou *polofrais* de la Savoie, qui a quelque analogie avec l'*aramon* du midi de la France, est planté en Savoie en vignes basses et en treillages. Ce raisin mûrit tardivement et donne un vin peu coloré.

Plants d'introduction récente.

On a essayé l'introduction du *pineau*, qui donne le meilleur vin de la Bourgogne, de même que de diverses variétés de *gamay du Beaujolais*. Ces plants, plus précoces que les nôtres, n'ont pas partout également réussi, et, tandis qu'ils fournissent des vins de choix chez quelques propriétaires, ils donnent des résultats tout différents chez d'autres ; le pineau et le gamay sont plus précoces que les cépages de la Savoie.

Cépages blancs.

La *jacquère,* ou plant des abymes de Myans, encore appelée *mollette,* est un cépage des plus robustes et des plus féconds, qui se met promptement à fruit ; le vin qu'il fournit en abondance manque de finesse et se conserve mal.

La *mondeuse blanche,* encore appelée *dougin, aigre-blanc, blanche,* est de moyenne fécondité ; elle se rencontre dans tous les vignobles, mais elle n'est pas cultivée seule.

L'*altesse,* désignée sous les noms de *petit mâconnais, prin blanc, roussette,* est un plant peu fécond et peu précoce ; il fournit des vins mousseux et des vins secs qui ont de la réputation.

Parmi les cépages blancs, qui ne sont pas spéciaux à la Savoie, on cultive avec succès la *roussanne de la Drôme,* sous le nom de *barbin,* de *bergeron,* de *roussette haute.*

Les vins blancs de Villard-d'Héry, de Côte-Rouge, de Chignin, proviennent de ce plant.

Le *gamay blanc,* sous le nom de *Sainte-Marie,* est cultivé en treillages.

Sans vouloir exclure les plants étrangers à notre département, nous pensons qn'on ne doit les remplacer qu'avec beaucoup de prudence.

La mondeuse mêlée à 1/4 au plus, 1/5ᵉ au moins

de douce-noire, et 1/10ᵉ de roussanne blanche de
la Drôme, devra toujours former le fond de nos
vignes basses placées dans les meilleures expositions.

En treillages, la douce-noire et le persan donneront un vin de grosse consommation, corsé,
vite fait, qui se conservera moins que le vin de
mondeuse, mais qui mûrira plus régulièrement.

Les personnes qui peuvent faire des essais feront
bien de donner la préférence, pour les vins fins,
au *pineau,* qui produit les plus grands vins de
la Côte-d'Or ; au *cabernet,* qui fournit les vins
de Bordeaux ; au *petit gamay,* avec lesquels on
obtient les vins de Beaujolais ; à la *petite syra,*
qui donne les vins rouges de l'Hermitage et de
Côte-Rotie.

Dans les plants plus communs, on a obtenu de
bons résultats des plantations de l'étraire, de
l'aduis, du mornin noir et du gamay teinturier.

En cépages blancs, nous avons peu à désirer :
avec la roussanne, l'altesse et la mondeuse blanche, nous produisons des vins secs et mousseux ;
avec le greffon, le fendant-roux et la sainte-marie,
nous obtenons des vins blancs de second choix ;
avec la jacquère, nous avons moins de qualité,
mais des récoltes toujours abondantes.

Plantation de la vigne.

On plante la vigne en *culture basse* et en *treillages* ou *hautins*. Dans le premier cas, la vigne est la culture exclusive du sol; dans le second, elle se trouve intercalée avec d'autres plantes.

Lorsqu'on a donné les préparations nécessaires à un terrain que l'on veut transformer en vignes basses, il reste à choisir le plant avec lequel on veut le garnir.

Le choix du cépage ne peut être abandonné au hasard : il doit dépendre de la nature du sol, du climat, de l'altitude, de l'exposition, et souvent on obtiendra un vin blanc de qualité là où on aurait produit, en rouge, un breuvage détestable.

Dès que le choix du cépage est fait, on calcule la quantité de crossettes ou de barbues nécessaires pour garnir le terrain; si on fait soi-même ses chapons, on doit les prendre de préférence sur une vigne de dix à quinze ans d'âge. Les sarments à nœuds rapprochés, qui ont porté fruit, doivent être préférés.

Quelques viticulteurs recommandent de ne prendre que des sarments ayant au talon quelques millimètres de vieux bois, et qu'on appelle *crossettes*. Cette dernière condition nous paraît bien moins importante que celle qui se rattache à la fructifi-

cation du sarment, car un sarment planté, après ;
avoir porté du fruit, donnera toujours un cep ·
fécond.

La variété de raisin choisie détermine l'espacement des ceps. Pour les plants communs, il
convient de donner un mètre en tous sens ; si on
veut diminuer l'espacement, il vaut mieux qu'il
porte sur la distance dans la longueur de la ligne,
que sur la distance des lignes entre elles, qui doit
être uniformément maintenue à un mètre.

On plantera aussitôt que la terre sera ressuyée.

On opère très-régulièrement, et on accélère le
travail de la plantation en nouant un fil de couleur
sur tous les points du cordeau où doit se placer
un chapon.

Il est avantageux de diriger la ligne du nord au
sud.

Le cordeau étant mis en place, un premier ouvrier ouvre au plantoir un trou sur chaque nœud ;
un second y place une crossette ; le troisième remplit le trou de terre fine, puis il tasse fortement
le sol contre le pied du cep.

La profondeur de la plantation dépend de l'inclinaison de la pente et de la nature du sous-sol ;
plus la pente est considérable, plus il faut planter
profond. En plaine, un trou de 20 centimètres est
suffisant ; en pente, il le faut de 25 à 30 centimètres.

Si, au moment de la plantation, la terre est mal ressuyée, ou si on opère dans un sol argileux, il convient de mettre dans chaque trou un litre de terreau ou de terre fine de jardin.

En Suisse, et dans quelques-uns de nos départements, on enlève avec un couteau l'écorce du sarment sur les trois ou quatre entre-nœux destinés à former la racine du cep. Pour faciliter cette décortication, on fait tremper les crossettes dans l'eau vingt-quatre heures avant d'en opérer le *râclage*.

Le râclage est une excellente pratique qu'on ne saurait trop recommander, parce qu'elle assure la reprise de la majeure partie des plants, en facilitant la sortie des racines.

Pour remplacer les ceps qui viendraient à périr, on plante quelques chapons au milieu du vide laissé entre les lignes.

A la troisième année, on les couche ou on les arrache s'il n'y a pas de vide à remplir.

Lorsqu'on a achevé la plantation, il ne reste plus qu'à tailler les chapons à deux ou trois yeux au-dessus du sol ; celui qui est le plus élevé formera la tige du cep.

Si, à la suite d'une plantation de vigne, la sécheresse était persistante, il serait très-utile de donner un peu d'eau à chaque chapon ; c'est le moyen peu dispendieux d'en assurer la reprise.

On garnit quelquefois une vigne avec des chapons enracinés d'un an ou de deux ans ; avec des chevelées d'un an, on peut se servir du plantoir, en ayant soin d'ouvrir de larges trous, d'y placer avec précaution le plant, et de verser sur les racines un litre environ de terreau ; si les chevelées ont deux ans, on est forcé d'ouvrir des fossés et de les fumer au fur et à mesure qu'on les met en place.

Formation de la tige des jeunes vignes.

L'année de la plantation, les soins à donner au sol consistent dans des sarclages et des binages.

Au printemps de la deuxième année, on débarrasse la petite tige des pousses de l'année précédente, en conservant l'œil le mieux venu et le mieux placé, pour donner à la souche une élévation qui varie de 15 à 25 centimètres. Plus on est exposé à l'influence des gelées tardives du printemps, plus il convient d'élever la tige des ceps ; un ébourgeonnage d'été est déjà très-utile.

Dès la seconde année, il est bon de soutenir les ceps en leur donnant de petits échalas ; la troisième année, l'échalassement devient une nécessité.

A la troisième feuille, une partie des plants sont

assez forts, surtout si on a eu la précaution de les ébourgeonner, pour être taillés à deux cornes ; ces cornes doivent, dans l'intérêt de l'équilibre de la sève, partir du même point au lieu de s'échelonner le long de la tige.

On ne conserve à ces petites cornes qu'un œil franc placé en dehors du sarment.

Les plants les moins forts sont taillés à la hauteur que l'on veut donner à la souche.

On donne, en temps opportun, un ébourgeonnage pour supprimer toutes les pousses inutiles, et fortifier celles qu'on utilisera à la taille suivante. La vigne demande déjà à être attachée à l'échalas.

Le quatrième année, on choisit sur les ceps les plus vigoureux pour former la troisième corne le sarment le plus fort, placé autant que possible à une hauteur et à une distance égales des deux autres cornes, et on les rabat au-dessus d'un œil franc placé en dehors. En conservant toujours dans la taille l'œil placé en dehors, on élargit l'espace laissé aux raisins au milieu de la souche, lorsque les sarments sont relevés et attachés à l'échalas.

Les ceps les plus faibles sont taillés à deux cornes ; toutes les pousses secondaires sont abattues aussi près que possible de la tige, pour éviter d'y voir naître de nouveaux bourgeons.

C'est à la quatrième feuille que nous conseillons de remplacer le petit échalas, placé la seconde ou la troisième année, par un échalas assez fort pour soutenir les pampres de la vigne.

Cet échalas doit être solidement planté en terre, en-dessous du cep, pour le soutenir et le protéger si la vigne est en pente.

Dès la quatrième année, il devient indispensable d'ébourgeonner et de relever régulièrement la vigne.

La cinquième année, on donne une troisième corne aux ceps qui n'en ont que deux, et une quatrième aux plants les plus forts qui n'en ont que trois.

Cette quatrième corne peut être conservée sans inconvénient pour les plants communs, très-productifs, fortement fumés, placés dans un terrain calcaire ou argileux ; mais dans les sols siliceux, peu fumés, dans lequels on plante des variétés peu fructifères, il sera bon de ne conserver que trois cornes, taillées sur un seul œil franc.

On donne, la cinquième année, les soins de taille, d'ébourgeonnage et de relevage, que nous avons indiqués à la quatrième année ; les ceps les plus vigoureux demandent à être rognés à la hauteur de l'échalas, lorsqu'en juillet ou en août on fera le second relevage.

Quelques ceps donnent des raisins à la troisième ou à la quatrième feuille ; à la cinquième, si les soins que nous venons d'indiquer ont été rigoureusement suivis, on obtient déjà une demi-récolte.

Dès la deuxième année, le sol qui porte la jeune vigne reçoit un premier labour en mars ou en avril ; un second après la floraison, puis un ou plusieurs binages en juillet, août et septembre, selon l'état d'enherbement du sol.

Tous les ans, dans les terrains en pente, il faut remonter la terre pour remplacer la couche que les labours successifs ont fait descendre.

En indiquant les principes qui doivent présider à la formation d'une jeune vigne, nous avons eu en vue le système suivi en Savoie, qui consiste à conserver à la tête de chaque cep trois ou quatre coursons, qui s'allongent en corne à mesure qu'ils vieillissent.

Ce système de taille serait excellent, si après avoir suivi, lors de la plantation, les indications que nous avons données, on basait la taille ultérieure sur les mêmes principes ; malheureusement il n'en est rien : chaque vigneron taille à sa guise. En général on allonge les cornes en croyant obtenir plus de fruit ; c'est le contraire qui arrive, car, en conservant deux et même trois yeux francs, on fait avorter l'œil adventif ou borgne, qui aurait donné un bourgeon en n'en conservant qu'un. On occasionne ainsi l'allongement rapide des cornes, parce qu'on est obligé d'asseoir la taille de l'année suivante sur le premier bourgeon franc, au lieu de l'asseoir sur le borgne.

Chaque pays a, pour ainsi dire, adopté un système de taille qui lui est propre, qu'il conserve en l'améliorant.

En Suisse, on a adopté la taille en tête de saule, c'est-à-dire qu'on ramène toujours le sarment fructifère aussi près que possible de la tête du cep. En Bourgogne et dans le Beaujolais, on fait partir les cornes de terre ; elles s'allongent annuellement. Dans le Bordelais, la vigne est conduite en petits treillages rapprochés de terre.

Il n'entre pas dans le cadre de cet ouvrage de pousser plus avant ces indications, qui nous entraîneraient trop loin.

Taille à long bois.

La taille que l'on vient d'indiquer s'applique à la vigne dirigée en cornes ; il est une autre taille préconisée par le docteur Jules Guyot, qui a été appliquée avec succès par M. Fleury-Lacoste ; elle s'applique aussi à la vigne basse.

Le principe de cette taille repose sur la certitude aujourd'hui acquise, que plus un bourgeon s'éloigne de la souche, plus l'embryon du fruit y est conservé.

Pour asseoir cette taille, on nettoie de bonne heure le cep, en ayant soin de lui conserver les deux sarments les plus vigoureux. Un de ces sarments sera rabattu plus tard à deux yeux francs, il prendra le nom de branche à bois ; le deuxième, maintenu au plus à un mètre de longueur, sera couché horizontalement sur un fil de fer fixé à 25 centimètres au-dessus du sol, et prendra le nom de branche à fruit.

Les pousses de la branche à bois étant destinées à fournir des sarments pour l'année suivante, seront maintenues droites par un échalas ; le second sarment restera attaché au fil de fer pour donner ses fruits, il sera supprimé l'année suivante.

La taille à long bois nécessite des opérations spéciales ; ainsi il sort de chaque bourgeon de la branche à fruit un ou plusieurs raisins ; il ne convient pas d'en laisser plus de deux ; c'est pour cela qu'on pince le bourgeon à la seconde et mieux à la troisième feuille, au-dessus du second raisin. Ce bourgeon herbacé se durcit et s'allonge ; il fléchirait sous le poids des raisins qu'il porte, si on n'avait la précaution de l'attacher à un second fil de fer tendu à 25 centimètres au-dessus de celui de la branche à fruit.

La branche à bois ne doit jamais être pincée.

Fumure de la vigne.

Dans les localités où le provignage est en usage, les provins seuls reçoivent du fumier ; mais dans ceux où l'on plante la vigne en lignes, dans ceux où l'on vise à l'abondance, les vignes reçoivent, tous les trois ou quatre ans, une fumure de 25 à 40 mètres cubes d'engrais par hectare.

Le fumier consommé, les terreaux, les composts, semblent être les engrais qui conviennent le mieux à la vigne ; on les enterre ordinairement en donnant le premier labour du printemps ; cependant ils produisent de bien meilleurs résultats s'ils sont enfouis en automne. Cette dernière époque est de beaucoup préférable.

Culture de la vigne.

C'est vers la fin de mars, au commencement d'avril, lorsque la terre débarrassée des sarments est assez réchauffée, qu'on donne un premier labour de 10 à 15 centimètres de profondeur, rarement de 20 centimètres, pour éviter de blesser les racines du cep.

La seconde façon est plutôt un binage qu'un

labour ; elle commence quand le fruit est noué ; enfin, la troisième et la quatrième, qui ont surtout pour but de détruire les mauvaises herbes et de rafraîchir la surface du sol, se donnent lorsque le raisin commence à changer.

Ces cultures ne doivent jamais se faire lorsque le sol est trop humide ou trop sec ; dans le premier cas, la terre se durcit au premier coup de soleil ; dans le second, on facilite l'évaporation du peu d'humidité qu'elle tient en réserve.

Partout où la vigne n'est pas plantée en lignes, de même que dans les pentes, on donne les cultures à la main ; mais dans les pays de plaine et les demi-coteaux, on se sert avec avantage de la charrue vigneronne dont nous avons donné la description. Cet instrument économique permet de multiplier les cultures d'entretien et surtout de les faire dans les moments les plus convenables.

SOINS D'ENTRETIEN A DONNER AUX CEPS PENDANT LEUR VÉGÉTATION.

Les vrilles qui se développent le long des pampres de vigne indiquent que cet arbuste a besoin d'être soutenu : l'échalassement remplit ce but.

L'échalas planté au pied de chaque cep sert à maintenir la souche dans une position verticale, puis à *palisser*, à *accoler*, c'est-à-dire à réunir et fixer les bourgeons au moyen d'un lien de paille ou d'osier pour que le vent ne les casse pas.

Le premier palissage a lieu vers la fin de juin ; on place plus tard un second et un troisième lien ; les liens ne doivent pas être trop serrés pour que l'air et la lumière pénètrent jusqu'aux sarments.

Ébourgeonner, c'est enlever du pied du cep les loups ou pousses qui partent du collet, et de la tête les bourgeons qui sont mal placés ou inutiles ; c'est peu avant la floraison qu'on ébourgeonne. L'ébourgeonnement est après la taille l'opération la plus importante de la culture de la vigne ; on peut même dire qu'elle prépare la taille.

Pour bien ébourgeonner, il faut : 1° savoir sacrifier à propos des bourgeons qui portent des raisins, lorsqu'ils sont mal placés ou trop nombreux ; 2° ne conserver sur une souche ayant trois ou quatre cornes taillées à un œil franc, que le bourgeon de cet œil et celui qu'a donné l'œil adventif ou *borgne*, qui naît à la jonction du bois de l'année avec le vieux bois.

En suivant ce conseil, si on a trois cornes on aura six bourgeons, si on en a quatre on aura huit bourgeons, et, comme chacun d'eux peut fournir un ou deux raisins, on en aura de six à douze par souche, si rien ne vient contrarier leur développement.

En conservant un plus grand nombre de bourgeons, on nuit à la croissance du bois qui doit
asseoir la taille de l'année suivante ; on nuit surtout à la fructification, à la grosseur et à la maturité du raisin, car si une souche peut amener à
maturité de six à douze raisins, elle est impuissante à en nourrir un trop grand nombre ; il se
produit alors des coulures, des atrofies et une maturité incomplète.

Epamprer, rogner, c'est couper les pampres qui
dépassent la hauteur de l'échalas ; on commence
à rogner vers la fin de juillet ; au commencement
du mois d'août, on répète cette opération si la
vigne est jeune et vigoureuse.

L'*effeuillage* consiste à enlever quelques feuilles
le long des sarments pour mettre à découvert le
fruit. C'est avec prudence qu'il convient d'effeuil-
ler pour ne pas nuire aux ceps et aux raisins.

Provignage.

En Savoie, comme dans beaucoup de contrées
vinicoles, on renouvelle la vigne, on remplace les
souches qui périssent. par le provignage. On pro-
vigne en novembre et en décembre, par un temps
sec, on achève en février et en mars.

Les souches qu'on doit coucher, ayant quatre
ans au moins de plantation, sont nettoyées, on

leur conserve autant de sarments entiers qu'on veut remplacer de souches ; puis on ouvre au pied du cep un fossé de 25 à 30 centimètres de profondeur ; on dégarnit les racines sans les déplacer, et on y couche la souche ; on met ensuite un échalas sur chaque point à regarnir, on y attache les sarments ; enfin on fume et on comble le trou.

Greffe de la vigne.

La greffe de la vigne permet de substituer une variété de raisin à une autre, sans que cette substitution retarde de plus d'un an la production du fruit.

On utilise la greffe dans l'Hérault pour hâter la production de quelques cépages, le muscat de Frontignan, par exemple, qui ne se met en plein rapport qu'à l'âge de dix ou douze ans.

Quelquefois, on plante des sujets très-vigoureux et on greffe dessus des cépages qui le sont peu pour en augmenter la production.

On peut greffer la vigne au-dessus du sol ou dans la terre.

La première réussit difficilement ; aussi on la pratique peu. Cependant, d'après M. Chaverondier, on l'utilise avec succès à Toméry ; voici comment elle se pratique :

On rabat la souche, au moment de la sève, à
20 ou 25 centimètres au-dessus du sol, et on
couvre du côté le plus lisse du cep une rainure, au
moyen d'une gouge ronde.

On prend ensuite un plant enraciné, ou une
simple bouture : on l'écorce à l'endroit qui doit
pénétrer dans la rainure ; on l'y ajuste ; on ligature et l'on couvre de mastic à greffer. La greffe
doit avoir une longueur de 60 centimètres environ, pour qu'elle soit suffisamment enterrée et
qu'il y ait deux ou trois boutons au-dessus du
point de soudure.

La greffe dans terre la plus usitée est la greffe
en fente. D'après le même auteur, elle se fait
comme suit :

On déchausse la souche que l'on veut greffer,
et on la coupe à six ou dix centimètres au-dessous du sol, dans une partie aussi lisse que possible. Avec une serpette et un petit maillet, on
pratique une fente verticale au centre du sujet,
et sur une longueur d'environ six centimètres ; on
maintient cette fente ouverte avec un coin en
bois. On taille ensuite la greffe en biseau, en ayant
soin d'enlever plus de bois d'un côté que de l'autre, afin que la moelle ne soit à découvert que
d'un côté ; on insère le bout du sarment dans la
fente, et on incline légèrement le sommet vers

le centre de la tige, de manière que le bout
inférieur sorte un peu en dehors de la souche, et
que le liber de la greffe et celui du sujet soient en
contact sur un point de leur étendue ; on enlève
le coin, on ligature et l'on couvre de mastic ; puis
on comble le trou et l'on taille la greffe au-dessus
du second bouton.

La greffe en fente ne réussit pas toujours ; la
soudure se fait d'une manière incomplète.

On a aussi recommandé la greffe en fente, bouture indiquée par M. Dubunil : la greffe marcotte
et la greffe provin. L'étendue de cet ouvrage ne
nous permet pas d'entrer dans le développement
que comporte leur description.

On recommande de couvrir le bout de la greffe
avec du mastic, afin d'empêcher sa dessiccation.

Renouvellement des ceps.

L'âge, l'épuisement du sol, et surtout la forme
tortueuse des ceps, amènent plus ou moins rapidement la vigne à un état partiel de décrépitude
qui en nécessite le renouvellement.

On peut renouveler une vigne par le *provignage*
par le *marcottage* et par le *recépage* des souches.

Le provignage et le marcottage ne sont pas toujours faciles à exécuter ; le bois manque pour pro-
vigner et à plus forte raison pour marcotter, et sou-

vent le recépage est le seul moyen de rajeunir partiellement une vigne.

Le recépage se pratique de différentes manières : souvent on utilise un sarment venu à la base du cep pour remplacer la souche que l'on rabat à quelques centimètres au-dessus du point d'attache de ce sarment.

Ailleurs, on coupe la souche près de terre, et l'on reconstitue le cep avec le plus beau sarment qui s'est développé.

Dans la Saintonge, on déchausse les souches et on les coupe à quelques centimètres au-dessous du sol. Il naît, au-dessous de la section, des bourgeons ; on conserve les deux plus beaux, et le printemps suivant on taille le plus fort à deux yeux au-dessus du sol et on abat le second.

Ce dernier recépage est sans contredit préférable aux autres, parce que le sarment conservé jette souvent des racines qui en font presque un jeune cep.

Quel que soit le mode de renouvellement suivi, il faut fumer abondamment la vigne afin d'activer le plus possible sa végétation.

CULTURE EN TREILLAGES.

On appelle *treilles* ou *hautins* des vignes cultivées en lignes espacées de 10 à 20 mètres, soutenues et conduites sur un bâti en bois mort et en fil de fer ou sur des arbres en végétation.

L'espace compris entre deux treilles est cultivé ; c'est donc une récolte secondaire qu'on retire de ces plantations.

La taille des vignes en treillages est un peu abandonnée à la fantaisie du cultivateur ; cependant, dans ces derniers temps, on a cherché à lui appliquer une direction régulière.

Voici comment sont conduits les treillages : on plante à 4 mètres de distance une ligne de poteaux de châtaigniers sur lesquels on fixe trois fils de fer n°^{s} 19 ou 20, ces fils sont espacés de 45 à 50 centimètres les uns des autres ; les plants de vigne placés des deux côtés des poteaux sont couchés sur le fil de fer du milieu, et à mesure que le sarment se fortifie et s'allonge, on ménage des coursons d'où partent :

1° Une branche à fruit qu'on renverse et qui va s'attacher sur le fil de fer inférieur ;

2° Deux bourgeons à bois qui s'attachent à mesure qu'ils croissent au fil de fer supérieur pour les protéger contre les coups de vent.

Tous les ans on allonge d'un nœud le sarment horizontal ; tous les ans on supprime la branche qui a porté fruit l'année précédente, on la remplace par la plus forte branche à bois attachée au fil de fer supérieur, la seconde est taillée à deux yeux pour le renouvellement de l'année suivante.

Ces treillages doivent être ébourgeonnés, c'est-à-dire qu'il faut supprimer toutes les pousses inutiles et toutes celles qui, sur la branche à fruit, n'ont pas de raisins ; simultanément, on pince tous les bourgeons à la deuxième ou troisième feuille au-dessus du second raisin.

On voit par ce qui précède que le renversement du bois de l'année, pour obtenir du fruit, est la base de ce système de taille ; il en est de même pour toutes les autres formes de treillages.

Aujourd'hui les hautins formés de cerisiers et d'érables sont généralement abandonnés ; on les remplace par des treillages en bois mort sur lesquels le raisin mûrit mieux ; toutefois, dans les localités où l'on a craindre des coups de vent, on plante de loin en loin des érables qui résistent mieux que les treilles exclusivement en bois mort.

MALADIES DE LA VIGNE.

Nous avons indiqué ailleurs les insectes qui attaquent la vigne ; il nous reste à dire un mot de la *coulure*, de l'*oïdium*, du *philloxera*, de la *jaunisse* et de la *brûlure* ou *rougeot*.

On dit que la vigne *a coulé* lorsque l'acte de la

fécondation n'a pu s'opérer dans des conditions normales ; les pluies, les brouillards humides détruisent le pollen qui devait concourir à former les fruits, et la grappe se trouve privée de la majeure partie de ses grains. On comprend que l'action de l'homme est impuissante à conjurer cette maladie.

L'*oïdium* est un champignon qui naît et se développe sur le bois, les feuilles et les grappes de la vigne sous l'influence d'une chaleur de 15 à 18 degrés centigrades, combinée avec une humidité persistante.

La marche de cette maladie peut s'observer au microscope et même à l'œil nu ; les racines, puis les tiges de ce champignon se développent et fructifient en moins de quinze jours ; l'oïdium se propage par sa poussière fructifère que le vent porte au loin.

Le seul moyen découvert jusqu'à ce jour pour combattre cette maladie, qui compromet le bois et détruit le fruit de la vigne, a été l'emploi du soufre en poudre répandu, au moyen d'une houpe ou d'un soufflet, sur toutes les parties vertes de la vigne. Pour obtenir la complète guérison de l'oïdium, trois soufrages successifs sont nécessaires ; le premier se donne avant, pendant ou après la floraison ; le second lorsque le raisin a la moitié de sa grosseur ; le troisième à la vernaison, c'est-à-dire au moment où il change, où il se colore.

Il faut 60 kilos de soufre pour donner trois soufrages à un hectare de vigne ou à cinq kilomètres de treillage.

Le soufre trituré se vend de 20 à 23 francs les 100 kilos ; le soufre sublimé, de 25 à 30 francs.

Le *phylloxera* est un insecte dont la présence a été signalée pour la première fois dans le midi de la France en 1866.

Le phylloxera s'attaque aux racines et aux radicelles des vignes que cet insecte microscopique détruit en peu de temps.

Tous les moyens proposés jusqu'à ce jour, sauf la submersion des vignes, ont été impuissants pour arrêter sa marche envahissante qui menace de compromettre la production vinicole de la France ; il s'approche de la Savoie en remontant le cours du Rhône, et déjà on a signalé sa présence dans les départements du Rhône et de l'Isère.

La *jaunisse* est caractérisée par le changement de couleur des feuilles qui passent du vert au jaune. On l'attribue à l'état maladif des racines, aux attaques des vers blancs et autres rongeurs, et surtout à l'humidité permanente du sous-sol.

On combat le mal en en faisant disparaître la cause.

La *brûlure* ou *rougeot* est aussi une maladie qui, en juin, attaque les feuilles.

15

La maladie commence par de petites taches ou points légèrement jaunâtres qu'on remarque sur les feuilles les plus essentielles du cep, sur celles qui nourrissent le bouton sur lequel on assoira la taille de l'année suivante, sur celles qui protégent le raisin contre l'ardeur du soleil.

Ces taches se développent progressivement et envahissent la totalité des feuilles qui, dès le mois de juillet, prennent une teinte rouge plus ou moins foncée et finissent par tomber.

Cette altération est attribuée au mauvais état des racines ; elle est provoquée par un refroidissement de la température à la suite de journées chaudes.

Dans les vignes attaquées par la brûlure, les raisins se dessèchent et n'arrivent pas à maturité ; le bois ne s'aoûte pas, et la taille de l'année suivante est très-difficile à faire.

On ne connaît pas de moyen d'éviter cette maladie.

FABRICATION DU VIN.

La fabrication du vin comporte une suite d'opérations qui ont reçu des noms spéciaux, nous croyons utile de les faire connaître :

La *vendange* est la récolte des raisins, leur séparation de la tige au moyen d'un sécateur, d'une paire de ciseaux ou d'une serpette.

On appelle *gearle*, *benne*, *brinde*, *comporte*, le récipient qui reçoit les raisins récoltés dans des paniers ou des ciselins, pour les transporter à dos d'homme ou de mulet au cuvier.

Le *cuvier* est un récipient en bois, le plus souvent de forme allongée, placé sur un char pour recevoir et transporter la vendange au cuvage.

Le *cuvage* est le local spécial où se fabrique le vin ; il est ordinairement garni de concasseurs de raisins, d'égrappoirs, de cuves et de pressoirs.

Le *concasseur de raisins*, ou *fouloir à vendange*, est un instrument dans lequel on concasse les raisins avant de les verser dans la cuve.

L'*égrappoir* est un instrument d'une autre forme qui concasse les grains de raisins et en sépare la grappe.

Une *cuve* est un vase cylindrique d'une grande capacité où on réunit le *moût* ou jus de raisin pour le faire fermenter.

Le *pressoir* est l'instrument sur lequel ou place le marc de raisin, pour en faire sortir le vin qu'il a retenu.

Vendange.

On doit vendanger par un temps sec et ne commencer que lorsque les rayons du soleil ont dissipé la rosée. Il faut prendre assez d'ouvriers pour remplir une cuve dans la journée.

Il convient de prendre le raisin au moment où il a acquis une maturité complète. En faisant la récolte trop tôt, on obtient des vins acides ; trop tard, ils sont sujets à plusieurs maladies.

On reconnaît la maturité du raisin aux signes suivants : le pédoncule de la grappe commence à jaunir, la grappe devient pendante, le grain n'est plus aussi dur, la pellicule est molle et translucide, la grappe et les graines peuvent se détacher facilement, le jus du raisin est devenu doux et gluant.

Le raisin mis en panier, puis transporté au cuvier et au cuvage, est quelquefois jeté dans les cuves sans être écrasé ; d'autres fois, on égrappe les raisins pour en séparer la rafle ou on les écrase avec un fouloir à vendange.

Le fouloir égalise le moût et le fait entrer plus vite en fermentation.

Lorsqu'on n'a pas concassé le raisin avant de le mettre dans la cuve, il faut que des hommes y entrent pour fouler et écraser les raisins avec les pieds ; cette opération est très-dangereuse par suite de la présence du gaz acide carbonique accumulé à la surface et dans le vide de la cuve ; on sait que ce gaz est méphitique.

Fermentation.

On réunit le raisin, ou mieux le moût, dans des cuves pour le faire *fermenter*, c'est-à-dire pour transformer en alcool la partie sucrée qu'il contient.

La fermentation a pour effet d'élever la température, d'augmenter le volume du liquide, de le faire entrer en mouvement, et d'élever à la surface les parties solides qui se trouvent dans le moût, pour former ce qu'on appelle le *chapeau* de la cuve. On laisse un vide de 30 à 40 cent. entre le liquide et le bord de la cuve, pour éviter que pendant la fermentation le liquide ne se perde.

La promptitude de la fermentation dépend de la maturité de la vendange et de la température de l'air ambiant; elle dure de deux à quatre jours. Aussitôt qu'elle a cessé, le chapeau descend, le bouillonnement cesse et la température s'abaisse; lorsque le moût est arrivé à cet état, on décuve, c'est-à-dire qu'on sort le vin de la cuve pour le loger dans les tonneaux, et qu'on porte le marc, ou partie solide restée dans la cuve, sur le pressoir pour en faire sortir le vin qu'il contient.

On appelle *tonneaux* des vases vinaires de petite dimension, et *foudres* des tonneaux de grande dimension.

Ordinairement on mêle le vin de cuve et de

pressoir pour lui donner une couleur uniforme et le rendre plus solide.

Le vin blanc n'est pas mis en cuve ; on le foule sur le pressoir et on l'entonne au fur et à mesure qu'il est pressuré ; la fermentation a lieu dans les tonneaux.

Soutirage.

Les vins mis en tonneaux ne tardent pas à déposer les corps étrangers, le mucilage qu'ils tenaient en suspension, puis ils s'éclaircissent. C'est ordinairement en décembre que les vins ont acquis toute leur limpidité ; c'est aussi le moment de les *soutirer*, c'est-à-dire de les faire passer dans une pièce parfaitement propre, en laissant dans celle qui les a logés jusque-là toute la foncée.

Selon les localités et la qualité des vins, on répète deux ou trois fois cette opération, en ayant soin de les *ouiller*, c'est-à-dire de les tenir toujours parfaitement remplis.

Collage des vins.

Coller un vin, c'est y mêler 10 à 12 grammes de colle de poisson par hectolitre, ou quatre blancs d'œufs délayés dans un litre de vin, avec une pincée de sel de cuisine.

L'albumine de la colle ou des œufs, fortement agitée avec le vin, se coagule et forme une substance épaisse, qui entraîne en se précipitant les matières que le liquide tenait en suspension.

Soufrage des vins. — On soufre les vins pour détruire les ferments engendrés par la lie, pour les soustraire, pendant quelque temps, à la fermentation et les rendre plus durables. Cette opération, qui s'applique surtout aux vins blancs, se fait en introduisant dans le tonneau, au moyen d'un fil de fer, une mêche soufrée ; le fil de fer traverse un bouchon destiné à boucher le tonneau et à empêcher l'évaporation de l'acide sulfureux.

Il faut soufrer avec modération pour ne pas donner aux vins le goût du soufre.

Soins d'entretien des tonneaux.

Les tonneaux, quand ils cessent de servir, doivent être lavés, égouttés et séchés à l'air, puis rentrés dans un cellier exempt d'humidité. En Savoie, où ils sont en gros bois, on arrive rapidement à ce résultat en enlevant le guichet dont ils sont pourvus ; aussitôt qu'ils sont secs, on les débarrasse du tartre attaché aux parois et on les redresse.

Pour les foudres de grande dimension, qu'on ne dérange jamais de place, on fait entrer, par le guichet, un homme pour les éponger soigneusement avec de l'eau-de-vie ou de l'alcool; on renouvelle cette opération tous les trois mois ; on conseille aussi de les mêcher à l'alcool, c'est-à-dire de faire brûler dans le tonneau de la filasse imbibée d'alcool.

DU MARC DE RAISIN : MANIÈRE DE LE TRAITER, EAU-DE-VIE QU'ON EN EXTRAIT. — RÉSIDUS.

Le marc de raisin, enlevé de dessus le pressoir, doit être préservé du contact de l'air, qui le ferait tourner à l'aigre et détruirait l'alcool qu'il renferme.

On obtient ce résultat en le plaçant dans une cuve après l'avoir divisé et égalisé. On le couvre ensuite d'une couche de terre molle fortement tassée ; il reste à cet état jusqu'au moment où commence la distillation.

La distillation repose sur ce principe que certains liquides, soumis à l'action du feu, se vaporisent plus facilement les uns que les autres. L'alcool se vaporisant plus rapidement que l'eau, on l'obtiendra le premier.

L'alambic ordinaire se compose : 1° d'une *chaudière* posée sur un foyer, dans lequel on place le marc augmenté de la moitié de son volume d'eau ; 2° du *couvercle* ou *chapiteau* de forme conique ; 3° d'un *serpentin*, long tube en fer blanc ou en

cuivre, contourné en spirale, fixé par sa partie élevée au chapiteau et ouvert à sa partie inférieure.
Ce serpentin est logé dans un tonneau appelé ré-
frigérant, dans lequel on maintient de l'eau à la
température de 12 degrés.

Lorsque l'appareil est prêt, on allume le feu et
on l'entretient de manière à ne pas brûler le marc.
Bientôt l'alcool se vaporise, s'élève dans le chapeau
de la chaudière et passe dans le serpentin, où, se
trouvant en contact avec l'eau froide, il redevient
liquide et coule dans un récipient ; on repasse
les premières eaux ; les secondes sont vendues
dans le commerce sous le nom d'*eau-de-vie de
marc*.

Le même instrument sert à distiller les vins
pour la fabrication des eaux-de-vie et des alcools.

Lorsque le produit obtenu contient 50 0/0 d'alcool pur, il prend le nom d'eau-de-vie ; lorsqu'il
en contient 70 ou 80 ; il s'appelle esprit de vin ou
alcool.

On a donné le nom d'alcoomètre et d'aréomètre
à deux instruments qui font connaître le degré de
l'alcool.

Marcs de raisin distillés.

Dans les grands vignobles du midi de la France,
on utilise les marcs distillés pour la nourriture des

bestiaux. Pour les conserver sans acidité, on les remet en cuve après la distillation.

Tous les animaux les consomment avec plaisir.

Les marcs, dans le centre de la France, sont mélangés aux fumiers de ferme ou à des composts.

On utilise aussi les pepins de raisins pour la nourriture des volailles.

Fruits à cidre.

Dans les régions septentrionales où la vigne ne réussit pas, on se procure avec les fruits de quelques arbres, une boisson fermentée, à laquelle on donne le nom de *cidre*.

On fabrique le cidre avec la pomme et la poire et plus rarement avec des cormes, des alises et des sorbes.

Les plantations d'arbres à cidre se font en bordure et en verger.

C'est dans les pépinières ou dans les bois qu'on se procure les arbres nécessaires à ces plantations. Les sauvageons ne sont greffés qu'après deux ou trois ans de plantation.

Les variétés de pommes et de poires à cidre sont nombreuses (voir page 196); c'est au planteur à rechercher celles qui conviennent le mieux au sol et au climat dans lesquels il veut les placer.

Les arbres à cidre étant exposés aux atteintes des animaux, il faut planter les forts, leur donner des tuteurs et garnir la tige de branches d'arbustes épineux. Annuellement ils sont labourés au pied, taillés et ébourgeonnés pour former une tête large, arrondie, où l'air et la lumière puissent pénétrer ; enfin ils doivent être débarrassés de la mousse qui se développe sur leur tige.

Les arbres à cidre commencent à rapporter quelques fruits après cinq ans de plantation ; ils ne sont en plein rapport qu'à vingt ans.

On récolte les fruits à cidre en septembre, octobre et novembre, par un temps sec, après le lever du soleil ; c'est en secouant fortement les branches qu'on fait tomber les plus mûrs, les autres sont abattus au moyen d'une perche ; ils sont réunis dans des sacs et portés au cellier.

FABRICATION DU CIDRE.

Les fruits, après avoir été triés et assortis, sont écrasés au moyen d'un cylindre spécial ou sous une pierre verticale qui tourne dans une auge circulaire. Lorsque les fragments de fruits sont réduits à la grosseur d'une noisette, ils sont portés au pressoir pour être soumis à un premier pressurage.

Quand la pressée est desséchée, on la met de nouveau dans l'auge à piler, on la triture une seconde fois, en y ajoutant 25 litres d'eau par pilée de 100 kilos de fruits et on pressure ; souvent on triture une troisième fois en ajoutant 35 litres d'eau.

Le cidre pur ou gros cidre est consommé chez les personnes riches et dans les auberges; le second est souvent mêlé au premier; le troisième mêlé au deuxième forme la boisson de la classe ouvrière.

On calcule que 2,340 kilos de pommes rendent 1,000 litres de cidre pur et 600 litres de deuxième qualité.

Le jus de cidre mis en tonneau ne tarde pas à entrer en fermentation ; on facilite l'extravasion par la bonde des corps solides qui s'y sont introduit, en ouillant de temps à autre la pièce.

On fait un premier soutirage aussitôt que la fermentation a cessé ; un second un mois après, lorsque le cidre est devenu limpide.

Le cidre est sujet à noircir; il passe facilement à l'acide; enfin, il est disposé à la maladie de la graisse.

MÛRIER.

Le mûrier est cultivé pour ses feuilles dont se nourrissent les vers à soie.

On connaît plusieurs variétés de mûrier ; les principales, celles qui remplissent le mieux l'objet de la culture de cet arbre, sont : 1° le mûrier blanc ; 2° le mûrier multicaule ou des Philippines ; 3° le mûrier d'Italie.

Le mûrier se multiplie de graines, de boutures et de marcottes ; mais c'est principalement par la voie des semis qu'on se procure des mûriers.

On sème la graine en pépinière dans un sol léger. Après un an ou deux, le semis prend le nom de pourette ; les plants ont alors 25 à 35 centimètres. On les arrache et on les replante en automne ; puis à la fin de l'hiver on les coupe rez terre afin de leur faire pousser un fort jet dont on retranche de bonne heure toutes les poussées latérales ; c'est ainsi qu'on forme des tiges droites, fortes, bien unies, sur lesquelles il est facile de pratiquer la greffe.

Les plants venus de semis ou sauvageons du mûrier peuvent être greffés en écusson, en flûte et même en fente pour les très-gros sujets ; mais la greffe en sifflet est celle qui réussit le mieux. C'est au collet de la plante qu'on pratique la greffe avec le plus de succès ; cependant dans quelques localités on préfère greffer à l'extrémité de la tige.

Deux ans après la greffe, on enlève le mûrier de la pépinière, au moment où il a formé ses premières branches à la hauteur qu'on a voulu lui donner.

On plante le mûrier sur un espace circonscrit ou en bordure. La place qu'il doit occuper dépend de sa forme et de la fécondité du sol ; il faut qu'elle soit toujours suffisante pour que les racines et les branches puissent se développer sans entraves.

Le mûrier mis en place doit être formé avant d'être soumis à la cueillette. La première année, en mars, on donne à la taille la direction qu'on devra continuer pendant toute la durée. Voici la manière d'opérer : on laisse à l'extrémité de chacune des trois ou quatre branches conservées, lors de la plantation, deux cornes latérales qu'on taille en leur laissant deux ou trois yeux ; les années suivantes on repète la même opération sur les nouvelles branches obtenues, et, au bout d'un certain nombre d'années, le mûrier se sera élargi en forme de vase.

On prépare la taille de printemps par des ébourgeonnages faits à propos ; il faut aussi donner des labours annuels et fumer tous les trois ou quatre ans.

La récolte de la feuille commence plus tôt pour les plantations en haie que pour les arbres mi-tiges, et plus tôt pour ces derniers que pour les hautes tiges ; la récolte n'a de l'importance que lorsque le mûrier a pris un certain développement.

On estime qu'un mûrier bien garni fournit de 10 à 12 kilos de feuilles par mètre carré de terrain qu'il recouvre.

CHAPITRE XVIII.

Plantation, conduite, exploitation des arbres destinés à fournir des bois d'œuvre et de chauffage.

On donne le nom de *bois*, de *forêts*, aux surfaces boisées d'une grande étendue.

Selon la durée de la conservation des arbres sur pied dans un bois et la forme de l'exploitation, on appelle :

Futaie sur taillis, un bois qu'on a laissé croître 30 ou 40 ans ; *demi-futaie*, celui qui est conservé de 40 à 60 ans ; *haute futaie*, un bois qui a moins de 200 ans ; *vieille futaie*, celui qui a plus de 200 ans.

Un *taillis* est un bois mis en coupes réglées ; c'est un *jeune taillis* si les coupes ont lieu tous les

7, 8 ou 9 ans; c'est un *taillis moyen*, si elles ont lieu de 10 à 20 ans ; c'est un *haut taillis*, si on éloigne les coupes de 20 à 30 ans.

On nomme *baliveaux* les pieds conservés dans les taillis comme porte-graine, qu'on laisse monter en futaie.

Les baliveaux sont *modernes* après trois coupes, *anciens* après quatre, *vieilles écorces* après cinq.

L'*exploitation du bois* comprend leur coupe ; on exploite les arbres forestiers de trois manières : comme *bois de chauffage*, comme *bois à charbon*, comme *bois d'œuvre* ou de *service*.

On convertit le *bois de chauffage* en *fagots* provenant des taillis et des branches de futaies ; en *bûches* provenant des taillis hauts et moyens et des futaies.

On convertit en charbon les hauts et moyens taillis, les branches de futaies et quelquefois les futaies elles-mêmes, quand elles se trouvent dans des localités de difficile accès.

Le bois donne en charbon le cinquième de son poids et la moitié de son volume.

On convertit les futaies de tout âge en bois de service ou d'œuvre pour la marine, la menuiserie, le charronnage, la foudrerie, la cuverie, les constructions, etc., etc.

SEMIS, PLANTATIONS.

On crée de nouveaux bois, on regarnit les clairières des anciens, au moyen de semis ou de plantations.

Les semis en place se font en rigoles ou à la volée ; dans le premier cas, on ne laboure que les parties qui doivent recevoir la semeuce ; dans le second, on laboure toutes les pièces à regarnir.

Selon la nature du semis, on enterre plus ou moins profondément la semence ; pour former un taillis, on sème épais.

Ces semis doivent être entretenus, c'est-à-dire sarclés, nettoyés, puis recépés, pour que la tige prenne un plus grand développement.

Quand on regarnit un bois par plantation, on se procure des arbres de pépinière aussi forts que possible, qu'on plante à la distance déterminée par le développement qu'ils sont appelés à prendre.

L'entretien des bois comprend le *recépage*, l'*élagage*, l'*émondage* et le *nettoyage*.

Recéper un pied d'arbre, c'est le couper au-dessus du collet pour qu'il pousse avec plus de force.

Elaguer, c'est retrancher, pendant que le bois n'est pas en sève, toutes les branches qui garnissent la tige d'un arbre jusqu'à une certaine hauteur.

16

Emonder, c'est couper toutes les menues branches inutiles qui croissent sur la tige.

Nettoyer les bois, c'est couper les branches mortes et traînantes, les faux bois, les ronces, etc.

Les futaies sont toujours formées de pieds francs, venus de semis ou de plantation ; il convient d'ébourgeonner la tige de ces arbres pendant les sept ou huit premières années en ayant soin de leur maintenir un bourgeon de prolongement.

Les arbres résineux ne poussent jamais sur souche.

Le taillis provient le plus souvent d'une futaie coupée rez terre, les racines en repoussant sur souche forment le taillis.

On commence à nettoyer un taillis à la troisième ou quatrième année ; on l'émonde et on l'élague dans les années suivantes, quand on se propose de les écorcer, c'est-à-dire de séparer l'écorce de la tige pour la vendre aux tanneries, car plus la tige est propre, plus l'opération est facile.

On doit exploiter et transporter les bois avant la sève du printemps. Sans cette précaution, on porte un grave préjudice à la pousse de l'année.

ARBRES DES FORÊTS.

Les arbres qui garnissent les forêts se divisent en arbres à *feuilles caduques* et en *arbres résineux*.

Les arbres à *feuilles caduques* se plaisent les uns dans les terrains secs, les autres dans les sols humides.

Les arbres qui se plaisent dans les terrains secs sont : l'alisier, le bouleau, le charme, le châtaignier, le chêne, l'érable, le marronnier d'Inde, le mérisier, le hêtre, l'orme, l'acacia, le sorbier, le tilleul.

Les arbrisseaux qui aiment les terrains secs sont : la bourgène, le cornouiller, le fusain, le noisetier, le sureau, la viorne, le troène.

Les arbres à feuilles caduques qui préfèrent les terrains humides sont : l'aune ou verne ; le frêne, le peuplier, le platane, le saule, l'osier.

Arbres résineux ou conifères.

Les arbres *résineux* sont : le pin, le sapin, l'if, le cyprès et le mélèze.

Les arbrisseaux toujours verts sont : le genévrier, le buis et le houx.

Les variétés principales de pin sont : le Laricio ou pin de Corse, le pin maritime, le pin d'Ecosse, le pin d'Alep, le pin pignon.

Le sapin n'a que deux variétés : le commun et l'épicéa.

Le mélèze est le seul arbre résineux qui perde ses feuilles pendant l'hiver.

Les arbres résineux se reproduisent par semis. Ils ne repoussent jamais sur souche ; ils ne peuvent par conséquent former des taillis.

La résine, qui découle du tronc des conifères, est une matière grasse, inflammable, avec laquelle on fait de la poix, du goudron, etc.

Les arbres verts ne craignent pas les terrains secs et stériles ; semés ou plantés, ils poussent lentement et demandent à être rapprochés les uns des autres ; on les éclaircit à mesure qu'ils grandissent.

Les arbres résineux doivent conserver toutes leurs branches, on n'en supprime aucune.

CHAPITRE XIX.

Animaux domestiques utiles à l'agriculture.

—

ÉCONOMIE DU BÉTAIL.

L'économie du bétail traite de tout ce qui concerne la multiplication, l'élevage, l'entretien et l'emploi des animaux domestiques.

Les principes généraux de l'*hygiène*, de la *multiplication* et de l'*élevage*, en forment la base.

Hygiène.

L'hygiène des bestiaux comprend le logement, la nourriture et les soins de propreté dont ils sont l'objet.

L'habitation des animaux domestiques doit être saine ; elle doit reposer sur un sol sec, elle sera suffisamment aérée, bien orientée et d'une étendue proportionnée au nombre et à l'espèce de bétail qu'on doit y loger.

On donne le nom d'*écurie* au local destiné aux chevaux, d'*étable* au logement des bêtes à cornes, de *bergerie* à celui des bêtes à laine, de *porcherie* à celui des porcs, de *poulailler* à celui des volailles.

L'élévation et l'aération de chacun de ces locaux dépendent, non-seulement de la taille, du nombre et de l'espèce d'animaux qu'on y loge, mais encore de la durée du séjour qu'ils y font, de la quantité de fumier qu'on laisse accumuler sous leurs pieds, de la température plus ou moins élevée de la localité, enfin, de la nature des produits en lait, viande, travail, etc., que l'on veut obtenir de ce bétail.

Un air pur, souvent renouvelé, est la première condition d'existence d'un animal (voir l'article *Construction rurale* pour la dimension des étables).

Nourriture.

Chaque espèce de bétail doit recevoir la nourriture qui lui est propre et qui convient le mieux à son tempérament.

L'état particulier de chaque animal doit aussi être pris en considération dans le choix de la nourriture qu'on lui donne. Les bêtes avancées dans l'état de gestation réclament des aliments facilement digestifs ; celles qui élèvent leurs petits recevront des substances qui favorisent la sécrétion du lait ; celles qui travaillent seront nourries de substances qui, sous un petit volume, donnent de l'énergie, de l'activité ; celles à l'engrais auront des substances nourrissantes, mais en même temps débilitantes, telles que des farineux, des légumes cuits, des tourteaux, etc.

La quantité de nourriture donnée à chaque animal doit être supérieure à la ration nécessaire pour l'entretenir à l'état où il se trouve ; on évalue à 3 kilos de foin par 100 kilos de viande, la nourriture nécessaire à tous les animaux qui travaillent ou qui donnent du lait ; elle sera de 3 1/2 ou 4 kil. pour ceux mis à l'engrais.

D'après ces bases, une vache pesant 400 kilos, poids vif, recevra 12 kilos de foin, ou l'équivalent en d'autres substances.

Pour que les animaux tirent le meilleur parti de

la nourriture qu'on leur donne , il faut qu'elle soit variée et que la distribution en soit faite toujours à la même heure.

Si on laisse passer l'heure ordinaire des repas, les animaux s'inquiètent, se tourmentent, et leur état hygiénique se ressent de cette contrariété.

Il doit exister un certain rapport entre le volume et la faculté nutritive des aliments ; on se trouve très-bien d'un mélange de substances sèches et humides.

Les aliments les mieux appropriés à la nourriture du bétail sont, après le pâturage, le trèfle, la luzerne, le sainfoin, les fourrages verts annuels; viennent ensuite le foin et le regain, les feuilles d'arbres et la paille, les carottes, les betteraves, les pommes de terre, le rutabaga, les résidus des fabriques de sucre, de bière, de fécule, de distilleries de grain, l'avoine, l'orge, les féveroles, les tourteaux de graines oléagineuses, les soupes, la nourriture fermentée et le sel.

Toutes les substances que nous venons d'énumérer n'ont pas en poids une égale valeur nutritive ; des expériences faites avec soin ont constaté que, pour obtenir les résultats nutritifs donnés par 100 kilos de foin, de regain, de luzerne, de sainfoin et de trèfle secs, les quantités à donner sont pour

L'avoine, de..........................	50	kil.
Le tourteau de lin et de colza..........	50	"
Le rutabaga...........................	150	"
La pomme de terre, le topinambour.....	200	"
La pomme de terre cuite..............	176	"
La carotte	270	"
La betterave..........................	330	»
La paille d'orge et d'avoine............	500	"
Les navets............................	500	"
Les choux	600	"
Les fourrages verts, de 300 à..........	400	"

On doit tenir compte de ces données pour maintenir la même ration, quelle que soit la nature du fourrage qu'on distribue aux animaux.

Propreté, température, mouvement.

Il est nécessaire de donner des soins de propreté aux animaux domestiques ; on doit les tenir couchés au sec sur une bonne litière, enlever les toiles d'araignées qui garnissent les fenils et les étables, et leur faire des frictions avec de la paille, la brosse et l'étrille, de manière à les préserver de toute espèce de démangeaison.

La température des étables doit être uniforme, peu élevée pour les animaux d'élevage et de labour ; elle le sera davantage pour ceux mis à l'engrais.

L'exercice est indispensable aux jeunes élèves et aux animaux qui passent une partie de l'année dans les pâturages ; pendant l'hiver, il faut les laisser s'ébattre dans les cours, au moment où on les sort pour les abreuver.

MULTIPLICATION DES ANIMAUX DOMESTIQUES.

On donne le nom de *reproducteurs* aux animaux mâles et femelles destinés à propager, à continuer une espèce.

L'*espèce* est la réunion d'individus offrant des caractères communs, par lesquels ils se distinguent de tous les autres groupes d'individus du même genre.

La *race* est une variété constante de l'espèce qui se conserve par la génération.

On désigne sous le nom d'animaux domestiques : les espèces *bovine, ovine, caprine, porcine, galline, chevaline, asine* et *mulassière*.

Selon le but que poursuit un éleveur, en entretenant et multipliant ces espèces d'animaux, il choisira des races spéciales plus ou moins élevées, plus ou moins pesantes, plus ou moins marcheuses, plus ou moins précoces, ayant des aptitudes plus ou moins développées au travail, à la graisse ou à la production laitière ; ayant de la laine plus ou moins fine, longue ou courte, à peigne ou à carde, s'il s'agit de l'espèce ovine.

Mais quel que soit le but qu'on poursuive, quel que soit le climat qu'on habite, on devra toujours choisir, pour former des reproducteurs, les animaux qui ont les formes les plus parfaites.

S'il s'agit de reproducteurs de l'espèce bovine, on donnera la préférence à ceux des sujets ayant une tête courte et large, des yeux grands, les oreilles courtes, les cornes bien placées, le cou grêle et court, la poitrine, les reins et le dos larges, les flancs garnis, la côte arrondie, le ventre peu descendu, les membres légers, ni trop longs ni trop courts, la queue mince, la peau fine et douce.

Les choix de reproducteurs d'une même race s'appelle *sélection*. C'est le moyen employé pour perfectionner une race par elle-même.

Le *croisement* a pour but d'obtenir des produits de deux races différentes, en recherchant dans l'une ce qui manque à l'autre.

En général, la sélection doit être préférée au croisement, car si elle est plus lente dans ses résultats, ces résultats sont plus assurés, et ils ont un caractère de permanence qu'on ne retrouve pas dans les animaux améliorés par le croisement.

ESPÈCE BOVINE.

Dans l'espèce bovine, on donne le nom de *tau-reau* au reproducteur mâle, de *vache* au reproduc-teur femelle, de *bœuf* au taureau privé de ses facultés reproductrices, de *veau* au petit mâle, de *vèle* au petit femelle ; la vèle prendra le nom de génisse à deux ans.

La durée de la gestation des vaches est de neuf mois ; l'allaitement du veau se prolonge de deux à quatre mois, plus ou moins, selon le but qu'on se propose ; il est très-important de continuer l'al-laitement jusqu'à ce que l'animal soit assez fort pour s'assimiler les substances fourragères, qui doivent successivement remplacer le lait pur, le lait mélangé à de la farine et la soupe qu'on lui donne; la force, la taille, la perfection de l'animal dépen-dent souvent de cette première nourriture, qui sera toujours proportionnée au poids du veau.

Pour être assuré que le veau reçoit une nourri-ture suffisante, il convient, au lieu de le laisser téter, de le faire boire au baquet.

Ce dernier mode d'allaitement exige plus de soins que le premier, mais il est préférable parce qu'on peut modifier peu à peu la nourriture du veau, et que le sevrage s'opère sans inconvénient.

On fait boire le veau dès le début ; pour l'y

habituer, on met un peu de lait dans un baquet, on place dans sa bouche le doigt médium de la main droite, en lui appuyant la main gauche sur la tête, de manière à lui plonger la bouche dans le liquide. Le lait doit être à la température qu'il a lorsqu'il sort du pis de la vache ; le veau s'habitue en peu de temps à boire seul. On allaite le veau trois fois par jour ; son appétit détermine la quantité de lait qui lui est nécessaire.

Lorsqu'on destine un veau à l'engraissement, on lui continue le lait pur jusqu'au moment où il est livré à la boucherie ; mais si le veau doit être élevé, on peut, vers le quinzième jour, substituer peu à peu au lait chaud, le lait encore doux, bien qu'écrémé de la veille. On mêle à ce lait que l'on fait tiédir une bouillie de farine d'orge, d'avoine, de féverole ou de tourteau ; on en augmente successivement la quantité, et on continue ce breuvage lors même que le veau étant sevré commence à manger du foin.

Les auteurs agricoles estiment au tiers du poids du veau le lait journellement nécessaire à sa nourriture. De sorte qu'un veau de 30 kilos recevra dix litres de lait par jour ; celui de 40 kilos douze litres et ainsi de suite.

Les veaux sont sujets à la diarrhée et à la constipation. On guérit la diarrhée en mélangeant au

lait un peu de farine de blé torréfié, ou de farine
de graine de lin ; en cas d'insuccès on peut employer la magnésie ou la rhubarbe : on en met 20
grammes dans un demi-litre d'infusion de camo-
mille ou de menthe poivrée.

La constipation se traite avec des lavements
émollients, la diète, le lait pur pour nourriture ;
enfin on a recours au sel glauber.

On nourrit les bêtes à cornes pendant toute
l'année : 1° à l'étable ; 2° uniquement à la pâture
du printemps à l'automne ; 3° à la pâture et à
l'étable.

Le pâturage est le mode de nourriture le plus
naturel ; il n'est pas possible partout. Le séjour
partie à l'étable partie au pâturage est le système
généralement en usage en Savoie ; dans les grandes exploitations, on entretient le bétail constamment à l'étable.

Les limites de cet ouvrage ne nous permettent
pas d'entrer dans de plus amples détails sur ce
sujet.

Races bovines. — En France les races bovines les
plus estimées sont : les races flandrines, cotenti-
nes, qui donnent du lait et de la viande ; les races
charolaises et nivernaises, qui fournissent du travail
et du lait ; les races bressanes du Villard-de-Lans
et comtoises, qui donnent du lait et du travail ; la

race du Poitou, qui s'engraisse facilement ; les
races garonnaises, auvergnates, aubrac, du Mézinc,
qui sont travailleuses. En Savoie, nous avons la
race de Tarentaise, qui donne simultanément du
travail, du lait et de la viande.

Les races étrangères qu'on rencontre le plus
souvent en France sont la hollandaise, qu'on considère comme la meilleure laitière connue ; la
race de Durham entretenue pour son aptitude à
l'engraissement ; enfin les races laitières d'Ayr,
de Schwitz et de Fribourg.

La Savoie nourrit beaucoup d'animaux de l'espèce bovine : le plateau des Beauges, les vallées de
Beaufort, de Thônes, d'Abondance et surtout celles
de la Haute-Isère, entretiennent et élèvent des
vaches laitières, de jeunes bœufs, des génisses,
qui ont une importance commerciale considérable.

La seule race de la Savoie classée dans les concours régionaux est la Tarine ; c'est aussi celle qui
compte le plus grand nombre de têtes, et qui a un
caractère de permanence qu'on ne rencontre dans
aucune des sous-races que nous avons nommées.

La race Tarine est, sans contredit, une des
meilleures races de montagne de la France. Sa
rusticité, la solidité de son pied, lui permet de
séjourner pendant une partie de l'année dans les

pâturages des Alpes ; ses facultés laitières sont mises à profit pour alimenter de nombreuses fromageries ; ses bœufs sont d'une solidité au travail à toute épreuve ; enfin, ses vaches et ses bœufs, arrivés au terme de leur vie, fournissent de la viande de boucherie.

C'est par la sélection, c'est par le choix des taureaux que l'on doit maintenir pure et perfectionner cette race si précieuse pour la Savoie. Nous reproduisons la description qu'en a donnée le congrès de Moûtiers ; elle doit servir de guide à l'éleveur dans le choix de ses reproducteurs :

1. Le mâle, dans la race de Tarentaise, comme cela arrive dans quelques autres races pures, diffère largement, par la couleur du pelage, de la femelle.

2. Le taureau tarin a une robe d'un gris blaireau plus ou moins foncé, passant le plus souvent au fromenté sur les côtes ; ceux d'un gris clair sont préférés.

3. Le gris passe au gris noir à la hauteur de l'épaule et se prolonge sur toute la partie inférieure du corps de l'animal, ainsi que sur le cou et les joues.

4. Chez la femelle, la robe est rarement grise, c'est un caractère de grande pureté de race, et dans ce cas, le gris prend une teinte légèrement

foncée à la hauteur de l'épaule, comme nous l'avons indiqué pour le taureau ; mais généralement la vache de Tarentaise est fauve ou mieux d'un froment gris tout particulier, qui n'appartient à aucune autre race.

5. A part cette différence dans la teinte de la robe des mâles et des femelles, les autres caractères se trouvent reproduits sur tous les animaux de cette race.

6. La race Tarine présente, sans exception, chez tous les sujets purs les caractères suivants : le tour des yeux, l'extrémité des cornes, le sabot, la couronne, le bas du fanon, le bout de la queue, l'ouverture de l'anus, la partie inférieure du scrotum chez les mâles, les parties génitales chez les femelles, sont noirs, plus ou moins mêlés de poils gris pour les parties velues. Le nez est aussi noir, cerclé de poils blancs.

7. En général, les animaux de cette race ont la charpente osseuse assez développée, le corps ramassé, les jambes courtes, les jarrets larges et droits, la côte ronde, le ventre assez gros, la queue un peu relevée, l'encolure moyenne, le fanon détaché et légèrement descendu, la tête courte, le front large, les oreilles velues, le nez droit, les cornes bien posées, blanchâtres et fines à leur base, les yeux grands et doux ; la peau, dure au

toucher, garnie de poils longs et touffus à la descente des montagnes, devient souple après un séjour prolongé dans la plaine.

Les sous-races des Beauges, de Beaufort, de Thônes, d'Abondance, l'Albanaise, rendents ans doute des services signalés à l'agriculture savoisienne ; il leur manque, pour former race, la fixité des caractères et une importance numérique qu'elles n'ont pas jusqu'à ce jour.

Le bétail est la principale richesse de l'agriculture savoisienne ; on ne saurait trop recommander à nos fermiers d'augmenter le nombre et d'améliorer le choix de leurs animaux domestiques.

Toutefois, il ne suffit pas d'avoir des étables bien garnies, il faut, pour en obtenir de bons résultats, que la nourriture leur soit donnée sans parcimonie, qu'elle soit de bonne qualité, et que des soins d'entretien journaliers assurent la santé et le développement rapide de chaque tête de bétail.

C'est en augmentant la superficie des champs consacrés aux prairies artificielles, aux fourrages verts et aux racines, qu'on obtiendra ces résultats.

ESPÈCE OVINE.

Dans l'espèce ovine, on donne le nom de *béliers* aux mâles, de *brebis* aux femelles, *d'agneaux, agnelles* aux petits de moins d'un an, d'*antenais* aux animaux de plus d'un an, mais de moins de deux ans. La durée de la gestation des brebis est de 150 jours.

On compte en France un grand nombre de races de moutons ; celle qui nous est venue d'Espagne en 1786, sous le nom de *mérinos,* occupe sans contredit le premier rang.

On trouve le mérinos pur ou à l'état de métis sur toute l'étendue de notre territoire.

Le mérinos est élevé pour sa laine, qui est l'objet d'un commerce important, et pour sa viande ; son croisement avec les anciennes races du pays a beaucoup amélioré la qualité de sa chair.

Le mérinos est trapu ; le mâle est pourvu de cornes, tandis que la femelle en est privée.

Les races de moutons élevés pour la qualité de leur viande et leur aptitude à l'engraissement, ont été importées d'Angleterre. Le Southdow est plus rustique que le Dishley ; l'un et l'autre fournissent des laines communes.

En Savoie, on trouve la petite race du pays conservée sans mélange dans nos montagnes ; elle fournit de la viande d'excellente qualité et de la laine commune. Dans cette race, qui compte plus de 60,000 têtes, le bout du nez et l'extrémité de la queue sont tachés de noir, tandis que le reste du corps est blanc.

Ces moutons habitent l'été les pâturages élevés de nos montagnes ; ils retournent pendant l'hiver dans leurs exploitations du pays.

Selon les localités où cette race est concentrée, elle s'appelle race de Marthod, de Thônes, de Tarentaise, etc.

Dans la plaine et les demi-coteaux de la Savoie, on trouve 36,000 métis-mérinos ; ils prennent dans les environs de Chambéry une taille élevée, leur viande et leur laine sont de bonne qualité.

L'espèce ovine fournit des agneaux, de la laine, de la viande, du lait et du fumier ; le poids de la laine varie de 1 à 3 kilos par an.

Dans les montagnes de la Savoie, le lait de brebis est employé, pur ou mélangé à du lait de vache, à la fabrication des fromages de fantaisie ; une partie de la laine sert à confectionner des vêtements communs, le surplus est vendu à Lyon ; les agneaux mâles sont élevés pour l'engraissement, les femelles sont conservées pour la reproduction.

ESPÈCE CAPRINE.

Dans l'espèce caprine, le mâle prend le nom de *bouc*, la femelle celui de *chèvre*, le petit celui de *chevreau*.

On entretient la chèvre pour tirer parti de son chevreau, de sa peau et de son lait. La viande est de médiocre qualité. La chèvre porte cinq mois ; le chevreau peut être livré à la boucherie à trois semaines. C'est sur la cime aride des montagnes que l'on trouve la plus grande quantité de chèvres ; c'est avec leur lait que l'on fabrique le *Mont-d'Or* des environs de Lyon, et plusieurs variétés de fromages de fantaisie dans les montagnes de la Savoie.

ESPÈCE PORCINE.

Dans l'espèce porcine, le mâle prend le nom de *verrat*, la femelle celui de *truie*, les jeunes le nom de *porcelets* ou *gorets*. La truie porte de 110 à 112 jours ; elle peut donner deux portées par an de 9 à 13 petits.

La plupart des anciennes provinces de France ont leur race de porcs. Dans les départements de l'Isère, de l'Ain, du Rhône et de Saône-et-Loire, on estime surtout celles de la Bresse et du Charolais.

La Savoie a aussi une race spéciale de porcs, qui ne s'est conservée pure que dans les montagnes ; haute sur jambes, elle peut faire de longues courses pour se rendre sur les marchés éloignés.

On reproche avec raison à cette race d'être peu précoce et de s'engraisser difficilement ; la chair en est délicate.

C'est de l'Angleterre que nous sont venues les races précoces connues sous le nom de *Berhshire, ameckir, colechils, yorkshire,* etc.; ces animaux d'une grande précocité ont une aptitude particulière à l'engraissement, mais la qualité de la graisse et de la chair laisse à désirer.

Le porc se nourrit de substances aqueuses, de petit lait, de soupes, de fourrages verts, de farineux, de châtaignes, de glands, etc.

Oiseaux de basse-cour.

On classe dans les oiseaux de basse-cour, la *poule,* le *dindon,* l'oie et le *canard.*

ESPÈCE GALLINE.

Dans l'espèce galline, on appelle *coq* l'oiseau reproducteur, la femelle *poule,* le petit *poussin,* puis *poulet.* Le poulet, la poussine rendus impropres à la reproduction, prennent le nom de *chapon,* de *poularde.*

On entretient la volaille pour ses œufs et sa chair. Une poule pond toute l'année; la mue de novembre et décembre interrompt seule la ponte. Si, au moment où la poule demande à couver, on lui donne dans un nid 12 à 16 œufs, elle les couvre de son corps, elle les réchauffe pendant 20 à 22 jours; au bout de ce terme, de ces œufs sortent de petits poussins, mais rarement tous arrivent à terme.

On nourrit la volaille pendant sa croissance avec des pommes de terre, du fromage blanc, du menu grain ; plus tard on l'engraisse avec des boulettes composées de farine de maïs, de sarrasin ou d'avoine trempée dans du lait ; si la volaille est tenue dans l'obscurité, dans un local spécial, convenablement chauffé, l'engraissement est complet en 20 jours.

Les races de volailles les plus recommandables sont celles de laBr esse, de Houdans, de Laflèche, de crève-cœur.

La Savoie avait une race qui se rapprochait beaucoup de celle de la Bresse ; on l'a gâtée en la croisant avec des cochinchinois et autres volailles de fantaisie. On devrait renouveler notre race en adoptant la bressane qui est bonne pondeuse et bonne couveuse et dont la chair est excellente.

Dindon.

On donne le nom de *dindon* au mâle, de *dinde* à la femelle et de *dindonneaux* aux petits.

La dinde pond à un an ; elle couve 20 œufs, ils éclosent du trentième au trente-deuxième jour.

Les dindons naissent ordinairement avec un petit bouton jaunâtre sur la partie supérieure du bec ; on le leur enlève avec une épingle.

Comme les dindons sont très-sensibles au froid, on les fait naître en mai et on les place dans un local chaud. A leur naissance, on les nourrit comme de jeunes poulets ; on doit souvent les forcer à manger, ils négligent quelquefois de le faire ; à huit jours on les laisse aller brouter l'herbe et on leur donne pour nourriture un mélange de salade cuite hachée, d'ortie, de pois, de gruaux cuits dans du lait, de l'avoine, du petit blé.

Quand les dindonneaux sont âgés de dix-huit à vingt jours on mêle un peu de lait caillé dans leur salade; on les laisse en plein air le matin lorsque le temps est beau, l'après-midi on les met à l'ombre.

Si les dindonneaux sont languissants ou malades, on leur fait p rendre un peu de vin ; s'ils viennent à se mouiller, il faut les sécher et les réchauffer, autrement ils meurent.

A l'état adulte, les dindonneaux prennent : 1° le *rouge,* espèce d'anémie qu'on combat par des fortifiants et surtout en réchauffant le malade ; 2° le *bouton,* qui se développe dans le bec et le gosier et à l'extérieur sur toutes les parties non garnies de plumes. On le dit contagieux ; il faut séquestrer le malade et lui donner du vin et des aliments échauffants.

Les dindons ont besoin d'une gardeuse qui les conduise dans les champs et les vergers ; ils y trouvent des grains perdus, des limaçons, des vers et de l'herbe.

Le dindon est très-vorace ; il s'engraisse comme le chapon en quinze jours ou trois semaines.

Oie.

On élève l'oie dans les pays qui bordent de grandes rivières ; les départements de la Moselle, de la Haute-Garonne et plus près de nous ceux de Saône-et-Loire et de l'Ain en font un commerce important.

La femelle pond 15 à 20 œufs qu'elle couve de vingt-neuf à trente et un jours ; les petits restent quinze jours au nid. L'oie adulte est engraissée en vingt jours.

Deux fois par an on dépouille l'oie du duvet qui lui garnit le ventre et le dessous des ailes ; les foies d'oie engraissée se vendent à un prix élevé ; la viande en est commune.

Canard.

On désigne sous le nom de *canard* le mâle, de *cane* la femelle, et de *canetons* les petits. Les canards sont d'une grande précocité ; il faut au canard de l'eau et une nourriture abondante, dont la pomme de terre cuite et le son forment la base. On vend de bonne heure les canetons, sans les engraisser, ou on les engraisse comme les dindons.

ESPÈCE CHEVALINE.

Cheval.

La Picardie, le Perche, la Normandie et la Bretagne sont les provinces de France qui produisent les meilleures races de chevaux. Plus près de nous, la race comtoise et la race suisse fournissent de bons animaux de trait à l'agriculture.

La Savoie n'a pas une race chevaline spéciale; la petite race qu'on élevait dans ses montagnes a à peu près disparu, pour faire place à des animaux de trait plus en rapport avec les besoins actuels des populations et les nécessités des nouvelles voies de communication.

La jument porte onze mois; elle allaite son poulain cinq à six mois. On donne au poulain au moment du sevrage des breuvages farineux, et, à mesure que ses dents se fortifient, on l'habitue à manger toute sorte de fourrages; ce n'est qu'à deux ans, au moment où on l'exerce à des travaux légers, qu'on commence à lui donner de l'avoine.

On nourrit les chevaux d'une taille ordinaire avec 10 kilos de foin, 6 kilos de paille et 8 litres d'avoine; avec cette ration ils peuvent travailler de huit à neuf heures par jour.

Le cheval a besoin de beaucoup de soins; il lui

faut une écurie sèche, bien éclairée, une bonne litière et, par-dessus tout, de grands soins de propreté.

On connaît l'âge du cheval au renouvellement de sa dentition. C'est de deux ans et demi à trois ans qu'il remplace les dents du milieu ou pinces, de trois ans et demi à quatre ans qu'il met les mitoyennes, de quatre ans et demi à cinq ans que poussent les coins. Les pinces se rasent ou deviennent unies à six ans, les moyennes à sept, les coins à huit.

Ane.

L'âne est un animal d'une grande sobriété, qui rend de bonne heure de grands services à la petite culture. Patient et bon, on le loge et on le nourrit dans de pires conditions, et à peine a-t-il un an que déjà on lui fait porter de lourds fardeaux.

Le mâle reçoit le nom de *baudet*, la femelle celui d'*ânesse*, le petit celui d'*ânon*.

L'ânesse porte de onze à douze mois. On sèvre l'ânon comme le poulain à six mois, et, depuis deux ans, il n'a le plus souvent pour toute nourriture que ce qu'il glane le long des routes et dans les champs ; on lui donne l'hiver de la paille, des feuilles et un peu de foin.

On utilise l'âne pour les transports à dos, on l'attelle aussi à de petites charrettes. On en fait un grand usage dans les montagnes de la Savoie.

Le lait d'ânesse est ordonné aux malades à cause de sa facile digestion.

Mulet.

Le mulet est le produit du baudet et de la jument ; on l'élève simultanément dans le midi et dans le centre de la France. Le Poitou, l'Isère, le Rhône, le Jura et les deux Savoie en fournissent des quantités plus ou moins considérables.

Le mulet tient de l'âne la santé, la solidité et la sobriété ; on l'entretient dans les pays de montagne, dans les localités où les transports continuent à se faire à dos, dans ceux où les routes en pente demandent des efforts persistants, un pas ferme.

Le mulet est moins délicat que le cheval ; il peut vivre dans de médiocres pâturages et se contente de fourrages de qualité inférieure.

La Maurienne, la Tarentaise, les Beauges, la vallée de Thônes, celle de l'Arve, élèvent et se servent presque exclusivement de mulets pour la culture de leurs terres, pour les transports des denrées et des engrais.

Les jeunes mulets bien conformés atteignent de bonne heure des prix élevés.

CHAPITRE XX.

Fabrication du beurre et du fromage.

On donne le nom de *laiterie* au local où l'on réunit le lait du bétail. La *fruitière*, la *fromagerie*, est le lieu où l'on transforme le lait en beurre ou en fromage. La *crémière*, la *jatte*, la *terrine*, le *baquet*, sont les noms donnés aux vases dans lesquels on conserve le lait. La *baratte*, la *beurrière*, est un vase en bois ou en zinc, de différentes formes, dans lequel on verse la crême pour séparer le beurre du petit lait. La *faisselle* est un vase percé de petits trous, dans lequel on fait égoutter les fromages. Les *moules* ou *formes* sont des cercles de sapin ou de hêtre de différentes hauteurs, que l'on élargit ou rétrécit à volonté, dans lesquels on place la pâte des fromages pour leur faire prendre une forme déterminée.

DU LAIT.

On peut utiliser de différentes manières le lait des animaux domestiques, s'il n'est pas vendu en nature.

On en fait du *beurre* et du *fromage blanc*, des *fromages gras* de *consistance molle*, des fromages de *consistance solide* où à *pâtes fermes, cuits, pressés,* ou *salés.*

FABRICATION DU BEURRE.

Si on place des baquets remplis de lait dans un lieu maintenu à la température de 10 à 12 degrés, il s'élève à la surface, en vertu de sa moindre densité, un corps gras sous forme de globules, qui entraîne avec lui des parcelles de *sérum* et de *caséum*, et auquel on donne le nom de *crême*.

Les *baquets* les plus favorables à la séparation de la crême du lait sont ceux de formes évasées, en terres vernissées à l'intérieur, d'une forme deux fois plus large dessus que dessous, d'une hauteur de 15 à 18 centimètres, contenant de 9 à 10 litres de lait.

On écrème au bout de 24 heures en été et de 48 heures en hiver ; après ce laps de temps le lait s'aigrit sous la crême, la qualité du beurre en souffre.

100 litres de lait fournissent de 12 à 15 litres de crême ; 4 litres de crême donnent un kilo de beurre. On calcule qu'en moyenne il faut de 18 à 25 litres de lait pour obtenir un kilo de beurre.

C'est avec la crême enlevée de dessus le lait, qu'on fabrique le beurre, en se servant d'une baratte pour le séparer du lait de beurre dans lequel il était en suspension.

La forme de la baratte n'est pas partout la même : dans les petites exploitations elle se compose d'un cylindre allongé pourvu d'un couvercle troué ; dans ce cylindre se place un fouloir dont la tige passe par le trou du couvercle. C'est en agitant fortement de bas en haut cette tige qu'on sépare le beurre du petit lait.

Dans les exploitations d'une certaine importance, on se sert de différents autres systèmes de baratte ; toutes reposent sur le même principe, celles à tonneaux à axes fixes ou mobiles sont les plus répandues et les meilleures.

Le beurre a besoin de recevoir des lavages répétés à l'eau froide pour se durcir ; la qualité et la finesse du beurre dépendent de la fraîcheur de la crême, de la propreté des ustensiles de laiterie et de la qualité des fourrages consommés par les bestiaux.

FABRICATION DES FROMAGES BLANCS.

Avec le lait resté sous la crême et celui provenant du lait de beurre, on fabrique du fromage blanc. Pour l'obtenir, on porte la température du liquide à 30 et même à 35 degrés, puis on y ajoute de la *présure*.

On obtient ainsi du caillé qui, versé dans une faisselle, prend en s'égouttant la forme spéciale qu'on a voulu donner au fromage.

FABRICATION DU FROMAGE FAÇON GRUYÈRE.

C'est dans les fruitières et dans les chalets des montagnes où se réunissent de grands troupeaux de vache, qu'on fabrique le fromage à pâte ferme connu sous le nom générique de gruyère. Voici comment on procède.

Le lait est versé au fur et à mesure qu'on le trait dans une chaudière dont on élève la température à 28 degrés ; le fruitier y ajoute une certaine quantité de présure. Environ un quart d'heure après le lait converti en caillé surnage ; c'est ce caillé qui, réduit en petits fragments et placé dans une forme, donne le gruyère. — Le fromage reste 24 heures sous la presse ; le lendemain, il est porté à la cave où chaque jour on le sale en le retournant ; au bout de quatre à six mois, il a atteint un degré de perfection suffisant pour être consommé.

Il faut 12 à 15 litres de lait pour produire un kilo de fromage.

Le petit lait est de nouveau chauffé et porté à 40 degrés ; on y met une nouvelle dose de présure , le caillé qui s'en détache forme un fromage blanc connu sous le nom de *sérai*.

Le dernier petit lait sert de nourriture aux porcs.

Il est rare qu'un propriétaire ait assez de lait pour

fabriquer seul un fromage façon gruyère ; c'est par association, c'est en réunissant le lait d'un certain nombre de propriétaires dans un local commun appelé *fruitière*, qu'on parvient à produire des fromages de grosseur convenable et à diminuer les frais de fabrication.

Pour qu'une fruitière marche convenablement, il faut qu'elle réunisse le lait de 80 à 100 vaches et qu'elle soit soutenue par des troupeaux d'une certaine importance, autrement le lait diminue tellement pendant l'hiver qu'il n'est plus possible d'en réunir assez pour faire un fromage en un ou deux jours.

On dit qu'on *fruite* à un trait, à deux traits, à trois ou quatre traits, selon qu'on prend pour faire un fromage le lait de un ou de plusieurs traits ; le fromage est dit gras à un trait, il est mi-gras à deux traits et maigre à trois ou à quatre traits parce que l'on écrème le lait conservé avant de le verser dans la chaudière. Par l'intermédiaire des fruitières on obtient de 12 à 15 centimes du litre de lait.

FROMAGES DE FANTAISIE.

On donne le nom de fromages de fantaisie aux fromages de différentes formes à pâte molle ou à pâte dure, fabriqués avec du lait de vache, de chèvre, ou de brebis, ou avec des laits mélangés dans des proportions variables.

Le Brie, le Neufchâtel, le Bondon, le Camambert, le Vacherin, à pâte molle ; le Gex, le Montcenis, le Hollande à pâte dure, sont préparés avec du lait de vache ; le Mont-d'Or avec du lait de chèvre ; le Roquefort avec du lait de brebis ; le Sassenage de l'Isère, le persillé ou tignard de la Tarentaise, le sont avec un mélange de lait de vache, de chèvre et de brebis.

Nous ne pouvons donner ici les détails de la fabrication de chacun de ces fromages ; nous indiquerons cependant celle du vacherin, du persillé, du Montcenis, du gratéron et du reblochon, qui jouissent en Savoie d'une réputation méritée.

VACHERIN.

Le vacherin est un fromage à pâte molle, fabriqué dans le canton du Châtelard (Savoie) et dans les montagnes d'Abondance (Haute-Savoie); son poids varie de un à quatre kilos. Les plus gros et en même temps les plus réputés proviennent de la commune d'Aillon. *Fait à point*, le vacherin est crêmeux ; on le mange à la cuiller.

Les meilleurs vacherins se fabriquent avec du lait chaud, mis à la présure à la température naturelle qu'il a à la sortie de la mamelle. Si la quantité

18

de lait dont on dispose est insuffisante pour faire un vacherin avec un seul trait, on attend le second ; dans ce cas, il faut chauffer le lait ; toutefois, comme la crème surnage dans le lait du matin, le mélange manque d'homogénéité, et le vacherin est moins affiné que celui fait avec un seul trait.

Si l'on veut obtenir un vacherin à la cuiller, il faut diviser le moins possible le caillé, en le levant de dessus le petit lait pour le placer dans une toile à fromage. Cette toile réunit le caillé dans une forme ronde, percée de trous, de 22 centimètres de diamètre sur 33 d'élévation. Quelques heures après, on le retire avec la toile, pour le mettre dans un cercle mobile, qu'on élargit ou rétrécit à volonté, et qu'on charge d'un poids ; on le retourne de temps à autre pour achever de l'égoutter ; enfin on le place dans un cercle d'écorce d'orme. En cet état, il est porté à la cave ; il ne s'agit plus que de le retourner tous les jours, et de le nettoyer avec un linge. Un mois après sa mise en cave, le vacherin peut être vendu. Ce fromage, très-estimé en Savoie, se vend de 1 fr. 50 à 2 fr. le kilo.

Les écorces d'orme seules ne donnent aucun mauvais goût au fromage ; on les prépare à la sève, puis on les met sécher. Au moment de s'en servir, on les fait ramollir dans l'eau, on les débarrasse de la première écorce ; c'est avec la seconde qu'on fait les cercles qui servent de vase au vacherin.

PERSILLÉ OU TIGNARD.

Le persillé se fabrique en Tarentaise, dans les pâturages à chèvres et à brebis, et surtout dans la vallée de Tignes, d'où ils tirent leur nom.

« Le plus habile fromager connu dans la vallée, dit M. Jarre, curé au Val-de-Tignes, emploie pour confectionner ses persillés, la moitié de lait de brebis, un quart de lait de chèvre et un quart de crême de lait de vache. Il donne à ce mélange le degré de chaleur du lait fraîchement trait ; il le fait cailler avec un peu de présure de première qualité ; puis, sans démêler le caillé, il le réunit doucement, le met dans une toile à gruyère et le suspend pendant dix ou douze heures pour faire égoutter le petit lait ; après ce laps de temps il change la toile, et place le caillé dans une éclisse conique en sapin, dont le vide est de 20 centimètres de profondeur sur 12 centimètres de diamètre ; l'éclisse, couverte d'une planche, est chargée pendant deux jours d'un poids de 8 à 10 kilos ; enfin il tourne le fromage une fois par jour, en changeant chaque fois de toile.

« Avec une température de sept à huit degrés

centigrades et un air sec, les molécules du fromage commencent à former corps ; le fromager le retire alors des éclisses pour le rouler sur une couche de sel mince, puis il le replace sans toile dans l'éclisse, et il saupoudre la face supérieure d'une couche de 6 à 7 millimètres de sel pilé, qu'il recouvre d'une planche sans poids. Lorsque ce sel a été absorbé, il retourne l'éclisse et il en fait autant sur l'autre face.

« Au bout de quelques jours, il enlève définitivement le fromage de l'éclisse, pour le placer en cave, où il le retourne de temps à autre.

« Le persillé se vend au bout de trois mois, mais ce n'est qu'à six qu'il a acquis toutes ses qualités. Les meilleurs tignards sont ceux fabriqués pendant la durée de l'alpage. »

Ce fromage, du poids de un à deux kilos, se vend de 1 fr. 25 à 2 francs le kilo. On en exporte une certaine quantité en Suisse et dans les départements qui nous avoisinent ; le surplus trouve un écoulement facile dans les deux Savoie.

FROMAGE DU MONTCENIS.

Le *Montcenis* est un fromage qui a beaucoup de rapport avec le Gex ; comme lui, il se prépare avec du lait de vache. C'est en Maurienne, dans les montagnes qui se rapprochent du Montcenis, qu'on le fabrique. Voici comment on le traite.

Le lait de vache du trait du soir, préalablement écrêmé, est réuni dans une chaudière au trait du matin ; on élève sa température au degré qu'il a au sortir de la mamelle. Au moment où on cesse de chauffer, on ajoute la crême enlevée au trait du soir, et on met de la présure. Lorsque le lait est caillé, on le triture, puis on l'égoutte dans une toile à fromage ; enfin, on le place dans un seau en bois, où il séjourne vingt-quatre heures. Le lendemain, on fait subir à une nouvelle quantité de lait la même préparation, et on mélange un tiers de ce dernier fromage encore chaud à deux tiers de celui de la veille, en y ajoutant une quantité de sel proportionnée à la grosseur du fromage.

Ce mélange est pétri pour l'émietter jusqu'à ce qu'il ne reste aucune partie dure. A ce moment, on place une toile dans une forme qui ne doit contenir que les deux tiers du fromage ; l'autre tiers est retenu par un cercle en ferblanc mobile, placé sur la partie supérieure, ordinairement d'un décimètre de hauteur.

Ce fromage ainsi mis en forme, et recouvert de sa toile, est posé sur une planche ; on en place une seconde dessus, qu'on charge d'une pierre. On le laisse ainsi vingt-quatre heures à une chaleur modérée, puis on le retourne avec précaution pour ne pas le casser et on le replace dans une forme semblable à la première ; on le remet en presse, on augmente progressivement la pression. Cette opération se répète plusieurs jours de suite.

Lorsque le fromage a acquis assez de consistance pour ne plus se casser, on le porte à la cave, on le sale comme les autres fromages ; tous les trois ou quatre jours, pendant plusieurs mois, on le tourne et on le nettoie avec un linge pour que la croûte reste propre et unie.

Le Montcenis, maintenu en cave à une température modérée, est fait au bout de trois à quatre mois ; le lait de brebis qu'on y mélange quelquefois le rend sec et moins doux.

On calcule que 100 litres de lait donnent 9 kilos de fromage du Montcenis. Son prix sur place est de 1 fr. 60 à 2 fr. le kilo. Le commerce le recherche pour sa bonne qualité.

GRATÉRON.

Le *gratéron* est un fromage à pâte dure qui se fabrique exclusivement avec du lait de chèvre ; c'est dans les Beauges que se trouve le siége principal de cette production. Voici comment on le prépare.

Aussitôt que l'on a trait les chèvres, on coule

le lait dans un chaudron et on le fait immédiatement cailler.

Le degré de la chaleur du lait récemment trait suffit, mais s'il s'était abaissé on chaufferait légèrement avant de verser la présure, qui doit être fraîche et de bonne qualité.

Une demi-heure après, le caillé est pris; on le délaye lentement parce qu'un délayement précipité ramènerait le caillé à l'état de lait.

Lorsque le délayement est convenablement fait, on laisse reposer le caillé pour qu'il se sépare du petit lait. Quand le caillé est descendu au fond de la chaudière, on le presse fortement avec le plat de la main au fond du chaudron, jusqu'à ce qu'il forme une masse compacte.

On coupe ce caillé avec un couteau, on le met dans des moules ou formes de 20 à 25 centimètres de largeur sur 15 à 18 de hauteur, et on presse de nouveau avec la main pour achever d'égoutter le petit lait.

Le gratéron reste vingt-quatre heures dans le moule; on a soin de le retourner de demi-heure en demi-heure; on le retire ensuite des moules et on le place dans un local frais, à courant d'air, situé autant que possible au nord.

On sale sur l'une des faces, et aussitôt que le sel est fondu, on le retourne et on le sale sur l'autre face.

Pendant le séjour à la cave du gratéron, on le retourne souvent et on l'essuye de temps en temps.

Ce fromage peut être livré à la consommation trois ou quatre mois après sa mise en cave ; son poids varie entre 800 grammes et 1 kilo et demi ; son prix est de 1 fr. 40 à 1 fr. 70 le kilo.

Le gratéron se vend surtout dans les deux Savoie ; on en exporte une petite quantité à Genève et à Lyon.

REBLOCHON.

Le *reblochon*, encore appelé *rebrochon*, est un des meilleurs fromages à pâte molle que l'on fabrique en Savoie.

C'est dans la Haute-Savoie, dans la vallée de Thônes, que se trouve le siége principal de cette production qui est l'objet d'un commerce assez important.

Le reblochon se fabrique avec du lait de vache, que l'on soumet encore chaud à la présure ; on verse une cuiller à bouche de présure pour quatre litres de lait.

Un quart d'heure après le lait est caillé ; on prend ce caillé couche par couche avec une cuiller et on le place dans une faisselle percée jusqu'à ce qu'elle soit remplie.

Lorsque le caillé est bien égoutté, on retourne la faisselle sur un moule pour que le fromage ne s'étende pas; quand il a la forme voulue, qui est à peu près celle du Mont-d'Or ; on le sale et on le laisse dans une chambre jusqu'à ce qu'il soit sec.

Pendant ce temps, on le lave deux fois par jour avec du petit lait; on le fait ensuite passer à la cave où on le laisse jusqu'au moment des expéditions.

Le reblochon se vend dans les deux Savoie ; il s'expédie aussi à Genève, à Lyon, à Marseille et à Paris.

Le prix du reblochon varie entre 1 fr. 40 et 1 fr. 80 le kilo ; son poids est de 400 à 700 grammes.

CHAPITRE XXI.

Économie agricole.

L'*économie agricole* est l'art d'administrer les biens de la terre.

Les domaines qu'on a à administrer peuvent appartenir à la *petite*, à la *moyenne*, ou à la *grande culture*.

Cette division générale du sol n'indique pas d'une

manière absolue l'étendue qui séparera la grande culture de la moyenne, la moyenne de la petite ; cette étendue varie d'un département et même d'un arrondissement à l'autre, par suite d'une foule de circonstances que nous n'avons pas à étudier ici.

En général, on entend par *petite culture* celle qui, dans les divers systèmes de production agricole, est trop peu importante pour occuper d'autres bras que ceux du cultivateur et de sa famille.

La *moyenne culture* est celle dont l'importance est assez grande pour nécessiter l'adjonction, à la famille, d'un certain nombre de bras salariés, sans cependant que le cultivateur, chef d'industrie, puisse cesser de travailler lui-même à la tête de ses domestiques.

La *grande culture* est non point celle qui couvre un grand nombre d'hectares, mais bien celle qui est assez importante par les capitaux et les intérêts qu'elle fait mouvoir, pour que son chef ait avantage à ne s'occuper que de la direction, de la surveillance, du contrôle de toutes les opérations de son exploitation.

Quelle que soit la catégorie à laquelle appartienne une exploitation, il faut des capitaux pour l'acheter, pour en tirer parti, pour la faire valoir ; nous allons étudier les services qu'ils sont appelés à lui rendre.

CAPITAUX AGRICOLES.

On donne le nom de capitaux à une agglomération de richesse ; la terre, les animaux domestiques, le mobilier, l'engrais, le travail, les semences, les récoltes sont des capitaux, qui courent des risques plus ou moins considérables et auxquels on doit attribuer un intérêt qui varie avec ces mêmes risques.

Les capitaux engagés dans une exploitation ont reçu différentes dénominations qui servent à les classer et en même temps à indiquer les services qu'ils rendent ; tels sont : le capital foncier, le capital mobilier, le capital de roulement, le capital de réserve, le capital de risque, le capital d'amortissement et le capital intellectuel.

Le *capital foncier* n'est autre que le fonds même d'un domaine. La terre, à moins qu'elle ne se trouve dans des conditions exceptionnelles, qu'elle longe une rivière ou un torrent, offre comme placement une grande sécurité ; aussi en général calcule-t-on le service du capital qu'elle représente à un taux peu élevé.

Le *capital mobilier* est représenté par les animaux qui se trouvent dans les écuries et les étables, par le mobilier proprement dit, ainsi que par les ustensiles aratoires ; les premiers ont reçu le nom de *mobilier vivant,* les seconds celui de *mobilier mort.*

Le capital mobilier court plus de risques que le capital foncier, parce que les outils se détériorent rapidement et que les animaux sont exposés à une foule d'accidents et de maladies qui en amènent le renouvellement ; l'intérêt qu'on exigera de ce capital devra donc être plus élevé que celui du premier.

Le *capital de roulement* est représenté par le fumier, les semences, la main-d'œuvre, les frais de culture ; il change constamment de forme jusqu'au moment où il passe dans le grenier et de là au marché.

On donne le nom de *capital de risque* à un fonds spécial porté à l'inventaire pour faire face aux pertes accidentelles qu'on est exposé à éprouver ; c'est un moyen de parer à toutes les éventualités.

Le *capital d'amortissement* s'applique aux usines, aux instruments ; il représente l'usure annuelle qu'il faut prélever et mettre en réserve, pour renouveler un instrument lorsqu'il est hors de service.

Le *capital intellectuel* est représenté par les services que le père de famille, le régisseur ou le fermier rendent à une exploitation par leurs connaissances et par la sage direction qu'ils lui impriment.

DES DIFFÉRENTS SYSTÈMES DE FAIRE VALOIR.

On peut faire valoir une exploitation : 1° par le propriétaire lui-même avec ou sans régisseur, c'est ce qu'on appelle *culture directe*; 2° par *fermier*; 3° par *métayer*.

Le *faire valoir direct* est à peu près général dans la petite propriété ; il occupe une large place dans la moyenne; il est moins répandu dans la grande.

Pour diriger sans intermédiaire une exploitation, il faut que le propriétaire ait des connaissances spéciales, et que de plus il ait à sa disposition un capital d'exploitation suffisant.

Le *fermage* est l'abandon de la jouissance d'une terre au moyen d'une redevance annuelle en argent; il est en usage dans les pays de grande et de moyenne culture où déjà l'agriculture est en progrès.

Le fermage a pour le propriétaire et pour le fermier des avantages incontestables ; il permet au propriétaire d'habiter loin de ses domaines, d'occuper des emplois, de jouir sans embarras des avantages de la propriété foncière.

Le fermier, de son côté, doit faire toutes les avances; mais il a une grande liberté d'action et, s'il élève le revenu habituel de la terre, il est seul à en profiter, seul à en jouir.

Pour que le fermage profite aux deux parties, il faut qu'il repose sur une convention écrite, sur un bail qui donne au propriétaire toutes les garanties désirables, mais qui assure au fermier par sa durée la faculté de rentrer largement dans les avances qu'il aura consacrées à des améliorations.

Le *métayage* est le partage équitable entre le propriétaire et l'exploitant des fruits d'un domaine dans lequel le premier apporte le fonds et le capital et le second son travail et ses outils aratoires.

Le métayage est le système de faire valoir le plus en usage dans les pays où domine la petite culture, dans ceux où l'exploitant manquant de capitaux est dans l'impossibilité de faire les avances nécessaires pour prendre un fermage.

Le métayage ne donne pas partout les mêmes résultats, et, tandis qu'on le voit décrié dans quelques parties de la France, il donne de bons résultats dans d'autres.

En Savoie, le fermage et le métayage partagent en partie à peu près égale les petites exploitations qui couvrent son sol. Le fermage domine dans les domaines où l'on ne cultive ni la vigne haute ni la vigne basse ; c'est le métayage au contraire qui domine dans les autres.

ACHAT ET LOCATION D'UN DOMAINE.

Lorsqu'on veut acheter un domaine, on doit prendre en considération, pour en déterminer la valeur, son éloignement des grands centres de consommation et des marchés, l'état des voies de communication qui y conduisent, l'état des constructions, la distance des matériaux de construction, la salubrité générale du pays, les qualités du sol et du sous-sol, la quantité d'eau dont on dispose, l'inclinaison, l'orientation des terres, la proportion relative des bois, des prés, des champs, l'état de fécondité du domaine, eu égard à ceux qui l'avoisinent, enfin les améliorations dont il est susceptible en lui consacrant un capital déterminé.

Selon les localités, selon le plus ou moins d'agréments qu'on fait entrer en ligne de compte, le rapport entre le revenu et le capital foncier varie du 2 au 4 p. 0/0.

Les mêmes considérations servent à déterminer le fermage qu'on peut en obtenir.

ASSOLEMENT. — ROTATION.

On donne le nom d'assolement à la division des terres arables d'une exploitation en des parties égales entre elles, qu'on appelle *soles*.

La rotation est l'ordre dans lequel se succèdent les cultures.

La *jachère* est le repos accordé à la terre pour renouveler ses forces, lui donner des labours, pour l'aérer et détruire les mauvaises herbes.

La jachère est dite *morte* lorsqu'on ne lui donne pas de labours ; elle est d'*été* quand on limite sa durée à cette partie de l'année ; elle est d'*hiver* lorsqu'on n'ensemence la terre qu'au printemps suivant.

La jachère était la base de tous les assolements avant l'introduction des plantes améliorantes ; selon l'état des lieux, la rotation était biennale ou triennale. Dans le premier cas, sur une jachère légèrement fumée, se plaçait une céréale ; dans le second cas, à la jachère fumée succédait un froment, puis une orge ou une avoine.

L'introduction des cultures racines et des fourrages artificiels a, depuis un demi-siècle environ, amené la suppression partielle de la jachère ; celle-ci a été remplacée par une succession de récoltes qui est basée sur les besoins physiques et chimiques du sol ; on a admis en principe qu'il fallait tâcher d'entretenir la terre dans un état convenable d'ameublissement, de propreté et de fécondité par la combinaison de cultures variées.

Pour y arriver, on admet les principes généraux suivants :

1° Il faut faire précéder et suivre les cultures

épuisantes par d'autres cultures propres à reposer le sol et à lui rendre sa fécondité.

2° A une plante d'une espèce, d'un genre ou d'une famille, il faut faire succéder une plante d'une autre espèce, d'un autre genre, d'une autre famille.

3° Aux cultures qui favorisent la croissance des mauvaises herbes, telles que les céréales, il faut faire succéder d'autres cultures qui les détruisent ou les empêchent de se développer, telles que les plantes sarclées et le trèfle.

Partout où l'on peut varier les productions de la culture, il n'est pas difficile de trouver de bons assolements ; malheureusement il n'en est pas toujours ainsi ; le cultivateur, avant de se mettre à l'œuvre, doit tenir compte de la qualité et de la composition du sol, de l'influence du climat, de la consommation locale, de l'abondance ou du manque de bras et de capitaux, etc.

Ces considérations, jointes à l'étendue relative des prairies naturelles, des pâturages, des bois, des cultures, détermineront le choix d'un assolement et d'une rotation.

Les assolements peuvent être de 2, de 3, de 4, de 5, de 6, de 7, de 8, de 9 et même de 12 ans.

Généralement on place en tête de l'assolement une plante sarclée, qui sera la fève si la terre est très-forte; le maïs, si on a un terrain d'alluvion; la pomme de terre, la betterave, la carotte dans une terre légère ou de moyenne consistance; le turneps, le rutabaga, dans un sol frais.

Toutes ces plantes reçoivent une forte fumure et sont sarclées, binées, buttées pendant le cours de leur végétation.

La deuxième année est consacrée à la culture des céréales d'automne ou de printemps : froment, seigle, orge et avoine, dans lesquelles on sème de la graine de trèfle, si le terrain lui convient, ou si, par des chaulages, on l'a amené à s'y plaire et à y prospérer.

La troisième année on récolte le trèfle.

La quatrième année on sème du froment sur le trèfle rompu. Le blé réussit ordinairement très-bien après ce fourrage qui a affermi le sol et a étouffé les mauvaises herbes sous son épais feuillage.

La cinquième année, on revient à une plante qui détruise les mauvaises herbes ; c'est ordinairement du fourrage vert ou du colza qu'on y cultive.

Une fumure moins forte que celle de la première année est nécessaire.

La sixième année les céréales reparaissent.

On peut prolonger indéfiniment ces rotations; le plus souvent on s'arrête à la sixième année, parce que, après ce laps de temps, le trèfle peut reparaître sans inconvénient.

ROTATION DE LA SAVOIE.

En Savoie, la rotation est alterne, quadriennale, quinquennale ou biennale et rarement biennale et triennale avec jachère.

Dans la Haute-Savoie et dans toute la partie de la Savoie où le seigle et le sarrasin réussissent mal, on suit la rotation de quatre ans, comprenant des récoltes sarclées, du blé, du trèfle et du blé.

Dans les terrains plus légers de l'arrondissement de Chambéry, on cultive la cinquième année un seigle suivi d'un sarrasin, en récolte dérobée; ce sarrasin est semé en juillet sur le déchaumage du seigle.

Dans les montagnes où les céréales ne peuvent passer l'hiver, on cultive la moitié des terrains en légumes, pommes de terre, pois, raves, etc., et la deuxième partie en froment de printemps, en orge, en avoine, en *cavalin* ou mélange d'orge et d'avoine.

Enfin, l'assolement biennal et triennal avec jachère se rencontre exceptionnellement dans les parties les moins favorisées de nos vallées et de nos coteaux.

CULTURE DE TRANSITION.

Organisation des services.

On donne le nom de culture de transition aux opérations culturales que nécessite le passage d'une rotation ancienne à une nouvelle.

Pour que cette transition s'opère sans apporter trop de dérangements dans le cours des travaux, il est nécessaire que le chef d'exploitation fasse un projet de culture dans lequel ces changements seront ménagés.

Il devra aussi, avant de se mettre à l'œuvre, organiser tous les services du domaine, s'assurer de la probité, de la moralité des chefs et des domestiques, et n'en prendre que le nombre strictement nécessaire aux besoins de l'exploitation.

Dans un petit domaine, tous les services se concentrent entre les mains du père de famille, propriétaire ou fermier ; c'est lui qui dirige et surveille les attelages, la main-d'œuvre, la rentrée des récoltes. Dans une vaste exploitation, on peut avoir besoin selon son importance d'un chef d'attelage, d'un chef de main-d'œuvre, d'un irrigateur, d'un berger, d'un porcher, d'un chef de magasin, d'un comptable.

L'organisation du service du fonds a aussi une grande importance. Elle doit comprendre l'étendue à donner au fonds lui-même ; les améliorations foncières ; les constructions rurales ; les services des attelages, leur force, leur nombre ; le choix des instruments aratoires d'intérieur et d'extérieur, de ferme ; les animaux de travail et de rente, leur alimentation ; la production et la consommation des engrais ; l'organisation et l'entretien du ménage ; enfin le service de la comptabilité.

CONDITIONS QUE DOIT REMPLIR UNE BONNE MÉNAGÈRE, SES DEVOIRS ; SERVICES QU'ELLE PEUT RENDRE DANS UNE EXPLOITATION.

Dans la petite et la moyenne culture en général et plus particulièrement dans les petits domaines de la Savoie, la femme joue un rôle important qui réclame des qualités toutes spéciales.

C'est la mère de famille qui, pendant l'absence de son mari, donne les ordres de travail et les fait exécuter.

C'est à elle qu'est dévolu le soin de surveiller l'éducation morale et physique des enfants, des employés à gages, de soigner les uns et les autres lorsqu'ils sont valétudinaires.

C'est la femme qui est spécialement chargée du ménage, de l'entretien du linge, des soins de propreté de la maison d'habitation.

C'est elle qui s'occupe de la volaille, de la vacherie, de la porcherie, de la laiterie, de la fabrication du fromage et du beurre, de la récolte et de la vente des fruits et des légumes.

Enfin, c'est sous sa direction qu'on cultive le jardin potager de la famille.

Pour accomplir les devoirs multiples que nous venons d'énumérer, la fille appelée à devenir la femme d'un cultivateur doit y avoir été préparée par une éducation spéciale.

Elle prendra dans sa famille, en aidant de bonne heure sa mère, des habitudes de travail et d'économie ; elle formera son cœur en s'inspirant des principes religieux ; elle apprendra à devenir une chaste épouse et une bonne mère, au milieu des exemples que lui donneront ses parents.

Son éducation serait incomplète, si sa famille ne lui faisait donner une instruction en rapport avec sa position ; elle doit, autant que possible, sans quitter le toit paternel, en fréquentant les écoles primaires, apprendre la lecture, l'écriture, l'arithmétique, la manière de tenir un compte de ménage ; il serait très-utile qu'on pût lui donner des notions d'horticulture, d'arboriculture, d'agriculture ; l'initier au système de fabrication des fromages en renom, aux soins que réclame le bétail.

C'est aussi dans les écoles primaires qu'on apprend aux élèves les travaux de couture, qu'on les met à même de faire les vêtements les plus ordinaires, d'entretenir le linge.

Là doit se borner l'instruction, l'éducation d'une fille appelée par sa position de fortune à rester dans un milieu agricole pratique, à devenir la femme d'un cultivateur. Dépasser ce niveau, habituer leurs mains à des ouvrages de broderie, de tapisserie, c'est apprendre aux filles à ne plus se contenter de la position de leur père, c'est les éloigner des campagnes et leur montrer le chemin des villes où les attendent toutes sortes de déceptions.

COMPTABILITÉ AGRICOLE.

La comptabilité, en agriculture comme dans l'industrie, est le moyen de se rendre compte de la transformation successive des capitaux, pour arriver à leur résultat final.

Dans les grandes exploitations, on a à demeure un comptable qui saura bien vite appliquer à l'agriculture les règles générales de la comptabilité commerciale.

Il n'en est pas de même lorsque le propriétaire lui-même ou un fermier sont chargés de ce soin ; ils n'ont ni le temps ni les connaissances nécessaires pour tenir des écritures compliquées. Il est donc utile de leur offrir un mode aussi simple que possible de se rendre compte de leurs opérations.

En dehors d'un carnet de poche, sur lequel on enregistrera les journées des manœuvres et quelques détails de magasin, trois livres sont nécessaires pour la comptabilité la plus élémentaire.

LIVRE D'INVENTAIRE.

C'est par un inventaire d'entrée qu'on doit commencer ses opérations agricoles. Le mobilier mort et vivant, les semences, les marchandises en magasin, les capitaux disponibles, doivent figurer à l'actif ; le passif se composera des emprunts, des marchandises à payer, etc.

On aura, après cet inventaire, l'avoir réel de l'exploitant, au moment de son entrée en culture.

JOURNAL-CAISSE.

Le journal-caisse reçoit jour par jour le détail abrégé des opérations de culture, les renseignements dont le cultivateur peut avoir besoin, ainsi que les recettes et les dépenses.

Il se divise en quatre colonnes : la première produit le folio du grand-livre ; la deuxième, la plus large, est consacrée aux détails ; la troisième est pour les recettes, et la quatrième pour les dépenses.

En additionnant les recettes et les dépenses, en les comparant entre elles, on s'assure de l'état de le caisse toutes les fois qu'on le juge nécessaire.

GRAND-LIVRE.

Le grand-livre sera divisé en un nombre plus ou moins considérable de comptes, selon qu'on voudra étendre ou réduire les détails des opérations du domaine.

Ainsi on pourra ouvrir un compte à chaque culture, à chaque produit, à chaque espèce de bétail, à chaque employé, ou n'ouvrir que quelques comptes généraux aux employés, aux cultures, aux animaux, aux produits. Tous les articles du journal-caisse sont portés en abrégé au grand-livre, puis arrêtés à la fin de l'exercice cultural.

INVENTAIRE DE SORTIE.

Cet arrêté de compte est suivi d'un inventaire de sortie, dans lequel on répète, en les modifiant selon la circonstance, tous les articles portés à l'inventaire d'entrée, puis on place à l'actif les comptes créditeurs du grand-livre et au passif les comptes débiteurs ; la différence finale entre l'actif et le passif représentera la position de l'exploitant.

CHAPITRE XXII.

Horticulture.

L'horticulture est l'art de cultiver les jardins ; elle comprend diverses branches qui sont : 1° la culture des arbres fruitiers ou arboriculture fruitière ; 2° la culture potagère ou maraîchère ; 3° la culture des fleurs et des plantes d'ornements.

JARDIN FRUITIER.

C'est dans le *jardin fruitier* qu'on place les arbres à fruits en espalier, en contre-espalier, en plate-bande isolée, ou réunis sur une surface limitée appelée normandie.

Nous avons traité, dans le chapitre XVI, page 180 de cet ouvrage, tout ce qui est relatif à la pépinière, à la greffe, à la forme, à la taille, à la culture, à la récolte, à la conservation et aux variétés principales de fruits ; nous n'y reviendrons pas.

JARDIN POTAGER.

On donne le nom de *jardin potager* à la surface réservée où l'on cultive les légumes et les plantes nécessaires aux besoins journaliers du ménage.

Choix d'un jardin. — Lorsqu'on peut choisir le terrain sur lequel on veut asseoir un jardin, on doit préférer une terre franche, de consistance moyenne, exposée et légèrement inclinée au sud, au sud-est, au sud-ouest, à proximité des eaux ; ce terrain sera défoncé à 50 ou 60 centimètres de profondeur et épierré.

Clôtures. — La meilleure clôture d'un jardin est un mur en maçonnerie à bain de mortier ou en pisé et au besoin en cloison ; une haie en aubépine est un pis aller. Cette haie, plantée en automne, poussera librement la première année ; on la taillera court les années suivantes pour qu'elle se garnisse en s'élevant.

Distribution du jardin. — Si on est libre de choisir la forme du jardin, il convient de le tracer en carré, ou en carré long, et de le diviser en quatre ou en six parties séparées par des allées d'au moins un mètre de largeur.

Si la clôture est un mur, on laissera devant ce mur une *plate-bande* de 1 mètre 50 à 2 mètres pour former des *costières* ; on tracera ensuite une allée circulaire parallèle au mur ; si la clôture est une haie, il sera avantageux de tracer l'allée le long de cette haie.

Sur les bords des allées, on établit des plates-bandes ou bandes de terre de 60 à 80 centimètres, un peu plus élevées que le niveau des allées.

On donne le nom de *bordure* à la partie qui

limite l'allée et celui de *contre-bordure* à la partie qui en est le plus éloignée. Au milieu de cette plate-bande, on place de distance en distance des arbustes fruitiers ou des poiriers nains ; sur la bordure, on plante de l'oseille ou des fraisiers ; sur la contre-bordure, on sème du persil, du cerfeuil, on plante de l'ail, de la ciboulette ou civette, des échalottes, du thim, etc.

Les grands carrés encadrés dans les plates-bandes se subdivisent en planches plus ou moins larges, séparées les unes des autres par des sentiers de 25 à 30 centimètres.

Labours. — Le labour à la bêche, pratiqué en automne, a pour but d'ouvrir la terre aux agents atmosphériques, de favoriser leur action fertilisante et de préparer le travail du printemps.

Le labour du printemps perfectionne celui d'automne ; il divise, ameublit et émiette la terre.

Le *sarclage* est un labour superficiel qui a pour objet la suppression en temps opportun des mauvaises herbes qui gênent les bonnes, les étouffent et les affament.

Les *binages* ont pour but d'aérer les racines en désagrégeant la couche de terre durcie, et d'empêcher l'évaporation de l'humidité des couches inférieures. Plus l'humidité est nécessaire, plus le binage devient opportun. C'est donc dans les mo-

a ments de sécheresse qu'il faut exécuter ce tra-
v vail.

Des engrais. — On fume la terre pour restituer
ɛ au sol après chaque récolte une partie de ce qu'elles
ᶜ lui ont enlevé.

Le fumier d'écurie doit être préféré à tout autre
ᵖparce qu'il active la végétation des plantes; on
ᵈl'emploiera après la fermentation; les engrais
ᶠfrais et pailleux doivent être utilisés pour les
ᵖpommes de terre.

Les arrosages de purin étendu d'eau sont très-
ᵃavantageux pour les légumes.

Les terreaux formés de débris animaux et végé-
ᵗtaux seront réservés pour les melons et les fraises.

Les engrais animalisés ont l'inconvénient de
communiquer aux plantes une saveur et une
odeur désagréables.

CULTURE DES PLANTES.

Les cultures sont dites *naturelles* ou *artificielles,*
selon qu'elles se font à l'époque indiquée par la
nature, ou qu'on devance l'époque ordinaire de la
maturité.

Semis. — Le sol destiné à recevoir un semis
doit être profondement labouré et ameubli.

Si la graine est fine, on la sème à fleur de terre
et on la remue légèrement; il convient même sou-

vent de plomber la terre. Si la semence est plus grasse, on l'enterre à deux ou trois centimètres de profondeur.

La germination des plantes n'a lieu qu'autant que la terre est légèrement humide.

Les semis se font à la *volée*, en *lignes* ou *rayons* et en *pochets*; ceux en lignes doivent être préférés parce que, outre qu'ils exigent moins de semences, ils facilitent les sarclages.

Les lignes s'ouvrent le long d'un cordeau à deux ou trois centimètres de profondeur. On se sert de préférence pour les tracer d'un manche de râteau ; le léger tassement produit sur la terre facilitera la levée des plantes. Après le semis, on recouvre les graines avec la terre déplacée ; quand le semis est levé, on éclaircit les sujets les plus forts.

Les semis en pochets se pratiquent surtout pour les pois et les haricots; on ouvre de distance en distance, avec une houe, de petits creux dans lesquels on place la semence; la terre du trou suivant sert à recouvrir celui qui l'a précédé.

Quelques plantes se multiplient par *oignons*, *bulbes*, *tubercules* ou *œilletons* : les premiers se forment en terre et produisent une plante semblable à celle qui les a donnés ; les œilletons sont des jets enracinés qui sortent du collet des plantes, on les détache et on les place à part.

Transplantation ou *repiquage*. — La transplantation a pour but de placer les plantes venues de semis, dans des conditions favorables au développement de leurs racines et de leurs tiges.

On repique par un temps couvert et pluvieux, ou tout au moins le soir ; peu avant le repiquage, on enlève les plantes de la pépinière, et, au moyen d'un plantoir, on ouvre un trou dans un terrain fraîchement labouré ; on y place le plant, puis on serre la terre contre la racine ; le cœur de la plante doit se trouver au niveau du sol, plutôt en dessous qu'en dessus.

Les plantes transplantées doivent être arrosées plusieurs jours de suite.

L'eau répare la perte occasionnée par l'évaporation ; elle dissout et elle met à la disposition des plantes les sels solubles contenus dans le fumier et dans le sol.

L'eau d'arrosage doit être à la température de l'atmosphère, plutôt plus chaude que plus froide ; l'eau froide arrête la circulation de la sève, l'eau chaude l'active.

On doit entretenir le sol parfaitement propre et meuble par des binages et des sarclages répétés.

Dans un potager, une plante est rapidement remplacée par une autre ; ces cultures successives demandent à être entretenues par de nouvelles fumures.

Pincement des légumes. — Pincer un légume, c'est supprimer l'extrémité de sa tige pour refouler la sève dans les parties inférieures et amener le développement des fruits qui s'y trouvent. On pince les fèves de marais, les pois, les tomates; c'est pour produire le même résultat qu'on noue les tiges de l'ail, qu'on coupe les feuilles des poireaux, qu'on couche les fanes de l'oignon, qu'on rompt à demi les feuilles de choux-fleurs.

On doit pincer assez tôt pour éviter la production de rameaux anticipés au-dessous de la partie retranchée.

Insectes qui attaquent les légumes.

Les insectes qui font le plus de mal aux légumes sont les altises, les chenilles, les limaces, les escargots ou hélices, les fourmis, les larves de taupins, les larves de hannetons, la courtilière, les vers de terre et les pucerons; le potager a en outre à souffrir des dégâts causés par les taupes, les rats et les campagnols.

Nous avons indiqué le moyen de combattre ces insectes et ces rongeurs au chapitre XV. Nous n'y reviendrons pas.

LÉGUMES USUELS ; CHOIX A FAIRE PARMI LES VARIÉTÉS.

Nous limiterons l'étude des légumes qui doivent figurer dans un jardin potager, fruitier, à l'*ail*, l'*arroche*, l'*artichaut*, l'*asperge*, l'*aubergine*, la *betterave* à *salade*, le *cardon*, la *carotte*, le *céleri*, le *cerfeuil commun*, le *cerfeuil bulbeux*, la *chicorée*, le *chou*, la *ciboule*, le *concombre*, la *courge*, le *cresson-alénois*, l'*échalotte*, l'*épinard*, l'*estragon*, le *fenouil*, la *fève de marais*, le *fraisier*, le *haricot*, la *laitue*, la *mâche*, le *melon*, le *navet*, l'*oignon*, l'*oseille*, le *panais*, le *persil*, le *piment* ou *poivre long*, le *poireau*, la *poirée* à *cardes*, le *pois*, la *pomme de terre*, le *pourpier*, le *radis*, le *raifort sauvage*, la *campanule-raiponce*, le *salsifis*, la *scorsonère* et la *tomate*.

Pour toutes ces plantes nous limiterons nos indications au mode de reproduction, à l'époque de la mise en terre, aux engrais, aux sols qu'elles préfèrent, aux variétés qu'on doit choisir.

Ail. — Préférer l'ail *commun*, planter les gousses en avril et en mai, en terre consistante fumée avec du fumier de cheval décomposé.

Arroche ou bonne dame. — La meilleure est celle à *feuilles blondes ;* semer en automne ou au printemps. L'arroche est peu exigeante sous le rapport du sol et de l'engrais.

Artichaut. — Trois variétés sont recommandées : le *gros vert de Laon*, le *camus de Bretagne* se consomment cuits ; le *violet du Midi* est le plus délicat et le plus tendre. L'œilletonnage se pratique en avril et mai ; on laisse trois ou quatre des plus forts œilletons en place, les autres servent à faire de nouvelles plantations. Les semis d'artichaut ne reproduisent pas toujours les variétés les plus estimées.

Asperge. — On peut faire un choix entre l'asperge de *Hollande*, d'*Allemagne* et la *verte*. La première est blanche, la dernière est à peu près la seule cultivée en Savoie, son fruit est vert.

L'*asperge* se multiplie par semis d'automne et de printemps, ou par griffes ou pattes levées sur des semis de un ou deux ans. La plantation des griffes se pratique en mars et avril sur un fonds bien préparé, amendé avec du fumier de cheval consommé et un mélange d'os pilés et de sel marin.

Aubergine. — Il y a trois variétés d'aubergines cultivées en pleine terre dans le midi de la France : la *violette longue* de *Narbonne*, la *violette ronde* et l'*aubergine panachée de la Guadeloupe*. Pour l'obtenir dans le centre, on sème en février et en mars sur couche et sous cloche ou châssis ; chaque plant est ensuite repiqué dans des pots séparés qu'on couvre d'une cloche tant que les froids sont à craindre. On peut ensuite dépoter et mettre en place en mai au pied d'un mur ; l'aubergine donne ses fruits en août.

Betterave. — On recommande parmi les betteraves à salade : la *rouge foncée Wyte*, la *jaune de Castelnaudary*, et la *betterave écorce* ou *crapaudine*. Les semis se font en mars ou avril sur un terrain riche, frais et convenablement plombé.

Cardon. — Le cardon est un artichaut cultivé pour ses feuilles ; les meilleures variétés sont : le *cardon de Tours*, épineux, à côtes pleines; le *cardon plein inerme*, le *cardon de Puvis*. Les semis se font fin avril et en mai sur une terre fortement fumée et profondément labourée ; en septembre, on commence à lier les cardons ; on les blanchit soit en les enveloppant de paille, soit en les enterrant. Le cardon se consomme d'octobre à février.

Carotte. — Les principales variétés de carottes potagères sont : la *carotte rouge très-courte* de *Hollande*, très-bonne mais peu développée ; la *rouge demi-longue de Hollande* très-bonne, mais moins hâtive ; la *carotte rouge* d'*Altringham* ; la *carotte longue* de *Vilmorin* ; enfin la *carotte jaune* d'*Achicourt*, qui se conserve très-bien. On sème la carotte en automne et mieux en mars, avril et mai, sur un terrain frais, riche et profond. Le fumier d'étable consommé, les cendres et les engrais liquides en temps de pluie lui conviennent.

Céleri. — Le céleri *plein blanc* est cultivé pour ses côtes, le *céleri-rave* ou *céleri-navet* l'est pour sa racine.

On sème le céleri sur couche ou en pépinière en avril; on le repique en mai. Le céleri exige pour prospérer une terre riche, fraîche, fumée avec du fumier froid de vache ou de porc; on lui donne de nombreux et abondants arrosages. Le céleri plein violet, le céleri Turc ou de Prusse sont aussi très-estimés à cause de leur rusticité.

Le céleri se blanchit en terre ; on commence à le consommer en octobre, on continue jusqu'en mars.

Cerfeuil commun. — Le cerfeuil *commun* doit être préféré; on le sème toute l'année; mais celui semé en septembre passe l'hiver et donne de la graine. Le cerfeuil aime un terrain riche et bien ombragé ; une chaleur trop vive le fait promptement monter.

Cerfeuil bulbeux. — On cultive ce cerfeuil pour ses bulbes ou tubérosités, il est très-productif; on le sème en août.

Chicorée. — La chicorée *à café* se sème en mai dans les jardins ; semée plus tôt elle monte. Les *chicorées frisées* de *Rouen*, d'*Italie* et de *Meaux* doivent être préférées, de même que les *scaroles* blondes ; la chicorée frisée et la scarole se sèment vers le milieu d'avril.

Les chicorées demandent pour prospérer d'abondantes fumures et de nombreux arrosages.

Chou. — Les principales variétés de chou sont : le *chou d'York*, le *chou d'Allemagne*, le *chou de Milan* ou de *Savoie*, le *chou rouge* ou *frisé*, le *chou rave*, le *chou-fleur* et le *brocoli*.

On sème à plusieurs époques.

Le chou d'automne se sème en mars, se plante en juillet et se mange fin octobre.

Le chou d'été se sème en août, se repique en pépinière en octobre, se plante en mars et se mange en juin.

Les *choux-fleurs* comprennent plusieurs variétés recommandables, telles que le *tendre* ou *demi-Salomon*, le *demi-dur* ou *gros Salomon*, le *normand*, le *Hollande* et le *brocoli* blanc à *feuilles ondulées*.

Semé sur couche en mars, le chou-fleur se plante en mai pour être mangé fin juillet ; semé en avril, il se plante en juillet pour être récolté en octobre. D'autres enfin se sèment en mai, se plantent en août et donnent leurs fleurs au printemps.

Le chou-fleur exige une terre bien fumée, douce et de copieux arrosements.

Le *chou de Bruxelles* est cultivé pour les petites

pommes grosses comme des noix qui se développent sur sa tige et se reproduisent souvent plusieurs fois quand on les coupe.

Les *choux raves* se sèment en mai et se repiquent dès qu'ils ont quatre ou cinq feuilles. Le chou-navet, variété plus robuste, peut être semé en place ; on se contente de l'éclaircir.

Ciboule. — La ciboule *blanche hâtive* est la variété qu'il faut préférer ; on la sème en mars et en juillet sur une terre riche, plutôt légère que forte.

Ciboulette. — Plante condimentaire indigène ; on la multiplie d'éclats de pied en mars et en avril.

Concombre. — Les variétés les meilleures sont : le *concombre* de *Hollande*, le *gros jaune* et le *concombre vert* à *cornichons*. Les semis se font en mai sur un engrais animalisé ; la colombine et le guano hâtent leur développement.

Courge. — Les meilleures courges de cuisine sont : l'*artichaut de Jérusalem*, la *courge à moelle*, le *potiron blanc*, le *potiron vert*.

Les plantes de cette famille, originaire des pays chauds, aiment la chaleur et l'humidité ; on sème en place en avril et mai, sur fumier d'écurie, sur colombine ou sur guano.

Cresson alénois. — Cette plante a reçu le nom de cresson à cause de sa saveur piquante, un peu âcre ; elle dure peu et monte promptement à graine ;

on renouvelle les semis à l'ombre tous les quinze jours.

Echalotte. — L'échalotte *commune* doit être préférée ; on la multiplie par la plantation de ses bulbes en choisissant de préférence les petites. L'échalotte craint une terre trop humide et une. fumure fraîche ; on plante en bordure ou en planche à 10 centimètres de distance en février et mars, quelquefois même en octobre ; on les arrache en août.

Epinard. — Les variétés principales d'épinards sont : les *épinards d'Angleterre*, de *Flandre,* à *feuilles de laitue.*

Pour avoir des épinards en tout temps, il faut semer tous les mois, depuis mars jusqu'en octobre, en rayons espacés de 16 centimètres, dans une terre bien fumée, bien ameublie, un peu fraîche et arrosée. Les semis d'août et de septembre sont les plus avantageux.

Estragon. L'estragon est une plante vivace aromatique de Sibérie qu'on multiplie par éclats. de pied en avril et mai ; on plante chaque pied à 30 centimètres dans une terre bien labourée ; à l'entrée de l'hiver, on coupe les tiges et on couvre la souche de paille ou de terreau.

Fenouil. — Le fenouil *doux* ou de *Florence* est la meilleure variété potagère ; c'est par éclats qu'on le multiplie au printemps. Le fenouil se mange cru, à la poivrade ; on le mange aussi cuit.

Fève de marais. — On doit préférer la *grosse ordinaire,* la *Windsor* et la *fève à graines vertes* ; on la sème du commencement de février à la fin d'avril ; on sème aussi en décembre et janvier sur plates-bandes exposées au midi.

Les semis se font en rayons, ou en touffes à 30 centimètres ; on bine une première fois à plat, la seconde fois on les rechausse. La fève commence à se consommer de très-bonne heure ; il est bon de pincer l'extrémité de sa tige pour faire grossir les fruits inférieurs.

Fraisier. — On place le fraisier en bordure dans le potager. Les variétés les plus recommandées sont : *Carolina superba,* la *Châtonnaise,* la *Constante,* la *grosse sucrée, Sir Harry, quatre-saisons.*

Le fraisier n'est pas difficile sur le choix du terrain et demande peu de chaleur pour mûrir.

On multiplie la fraise par graines, par coulants et par éclats ; on la plante en planche ou en bordure dans une terre bien ameublie, fumée avec du terreau. On plante en automne à la distance de 25 à 30 centimètres pour avoir des fruits l'année suivante ; celles mises en place au printemps rendent peu la première année, excepté les Quatre-Saisons.

Il est bon de pailler les planches avant de planter.

Toute la saison il faut sarcler, biner, arroser à propos et supprimer les coulants.

Au printemps de la deuxième année, on donne un léger labour, on terreaute et on paille par-dessus. ·

Il est bon de renouveler les planches des fraisiers tous les trois ans, ou tout au moins de les rechausser avec de la bonne terre.

Haricot. — Les haricots sont à rames ou nains ; les meilleurs haricots à rames sont : le *sabre*, le *princesse mange-tout*, le *beurre* ou *d'Alger*.

Les meilleurs parmi les nains sont : le *Soissons*, le *noir de Belgique*, le *bagnolet suisse gris*, le *ventre de biche suisse*, le *flageolet* et le *Laon*.

Le haricot se plante en avril, mai et juin, en rigoles ou en pochets, sur un terrain sec, bien préparé, fumé avec de l'engrais d'étable mêlé à des cendres, si c'est possible. On bine toutes les fois que c'est nécessaire.

Laitue. — Il y a deux espèces de laitues : les *pommées* et les *laitues romaines* ou *chicons* ; parmi les premières il n'y a rien de mieux que la *laitue à bords rouges*, la *blonde de Berlin*, la *laitue turc*, la *grosse brune paresseuse*, la *laitue chou de Naples* et la *Palatine*.

Parmi les romaines ou chicons, recommandons la *romaine grise maraîchère*, la *romaine blonde de Brunoy* et l'*Alphange à graines noires*.

Les laitues printanières se sèment en mars, à l'abri sur terreau ; elles se replantent en avril ; on peut encore semer clair en place sur une table d'oignons, de carottes, de salsifis. On sème les laitues d'été fin mars et on continue jusqu'en juillet ; il faut repiquer dans une terre franche, fumée avec des composts, de l'engrais liquide ou de la colombine ; on donne de nombreux arrosages.

Mâche. — La mâche encore appelée *doucette, salade des blés*, est une petite salade qu'on sème tous les huit ou dix jours depuis la mi-août jusqu'à la fin d'octobre à la volée dans une terre meuble, fumée de l'année précédente.

On récolte de bonne heure une partie des mâches pour les éclaircir ; au printemps on laisse quelques pieds pour semences.

Melon. — Les melons se divisent en melons *brodés, melons cantaloups* et *melons à peau lisse*. Les meilleurs melons brodés sont : le *sucrin de Tours*, le *sucrin de Honfleur* et l'*ananas* à *chair verte* ou d'*Amérique*. Les meilleurs cantaloups sont le *fin hâtif*, le *prescott à fond blanc* et le *petit prescott* à *fond noir*.

Les meilleurs melons à peau lisse sont : le melon de *Malte*, le *melon muscade* des *Etats-Unis* et le *melon de Morée vert*.

Les premiers semis de melon se font en janvier et février sur couches; les melons de seconde saison ou de cloche se font vers la mi-mars. En mai, ou peut semer en place; on met à chaque place deux ou trois graines recouvertes de terreau, on pose une cloche dessus, et plus tard on ne conservera que les pieds les plus vigoureux. A l'arrière-saison, lorsque la température est humide, on met sous les fruits une tuile ou une ardoise pour qu'ils ne posent pas sur le sol. Le melon demande à être arrosé modérément.

Pour avoir de bonnes graines, on choisit dans chaque espèce le fruit le plus beau et le plus franc qu'on laisse parvenir à sa plus grande maturité.

Navet. — On recommande pour la cuisine le navet des *vertus*, le *noir long*, le *Saulieu*, le *navet des sablons*. On le sème en juin, juillet et même en août, sur terre fraîchement remuée, clair et à la volée, par un temps pluvieux ou couvert; les cultures d'entretien consistent à sarcler et à éclaircir. Dans les terres fortes les navets deviennent souvent creux; il leur faut des terres légères, des climats frais.

Les composts et les fumiers de ferme bien consommés leur conviennent.

Oignon. — Il faut. préférer parmi les oignons précoces, l'*oignon blanc hâtif de Paris* et l'*oignon de Danvers* ; parmi les tardifs, l'*oignon jaune paille*, le *rouge pâle du Nord* et le *rouge foncé de Brunswick*. On peut semer l'oignon blanc en août et lui faire passer l'hiver en terre. Le plus souvent on sème en place en mars et en avril sur un vieux fumier; l'oignon redoute les engrais frais ; le mélange de cendre, de suie et de colombine lui est profitable.

Oseille. — On cultive plusieurs variétés d'oseille ; la plus estimée est l'*oseille de Belleville*. On sème l'oseille à la volée en automne ou au printemps, en planche ou en bordure ; on peut aussi la multiplier par éclats de pied, c'est l'unique moyen de propager l'espèce que les goûts délicats préfèrent.

L'oseille, peu délicate sur la nature du terrain, préfère les sols siliceux, légers, fumés avec du fumier d'étable, mêlés à de la cendre de bois.

On se trouve mieux de la ramasser feuille à feuille que de la couper.

Panais. — On ne cultive dans les potagers que le *panais rond de Metz*. Le panais demande un terrain riche, frais et ombragé ; le fumier d'étable et les composts lui conviennent ; on sème en octobre ou en mars.

Persil. — La graine du persil met un mois à

lever. On la sème de février en août dans une terre bien meuble, et en automne au pied d'un mur au midi pour en avoir de bonne heure au printemps.

Le persil ne monte à graine que la seconde année. On en connaît deux variétés : le *commun* et le *frisé*.

Poireau. — Cette plante exige une terre riche, forte, fumée avec des engrais animaux.

Le poireau se sème à la volée au commencement d'avril ; on le repique en place à 16 centimètres de distance, lorsqu'il a atteint la grosseur d'une plume d'oie.

Pendant l'été on arrose souvent. La tige se récolte lorsqu'elle a atteint une grosseur suffisante ; elle souffre peu de l'hiver.

Piment. — On utilise comme assaisonnement plusieurs espèces de piment. Le plus recherché est le *poivron annuel* ou *poivre long*.

Semé sur couche en février ou mars et mieux sur terreau en avril, on le replante en planche ou plate-bande au commencement de mai.

Poirée à cardes ou bette. — La meilleure poirée est celle à *cardes blanches frisées* ; elle se sème de mars à avril, pour la repiquer en terrain frais, bien fumé, en mai ou juin ; ce n'est que la seconde année qu'elle monte à graine ; cette graine se conserve de cinq à neuf ans.

Pois. — Les pois sont à *rames* ou *nains*; ces derniers rendent peu. Les meilleurs pois à rames sont le *Prince-Albert*, le *Commenchon*, le *pois Michaux*, *de Hollande*, le *pois d'Auvergne*, le *Knight*, le *corne de bélier.*

On sème le pois de mars en juin, pour en avoir pendant toute la saison; le pois préfère un sol léger. On sème en touffes ou en rayons; les lignes sont espacées de 22 centimètres les unes des autres, et les touffes de 35 centimètres. Jusqu'à la récolte, il ne s'agit plus que de biner, sarcler, ramer les grandes espèces et pincer les hâtives à la troisième ou quatrième fleur. Dans les terres naturellement bonnes on évite de fumer, parce que le pois trop vigoureux donne peu de fruits.

Pomme de terre. — Les variétés qu'on plante dans un jardin sont la *Marjolin* ou *Kidney hâtive*, la *Blanchard*, le *comice d'Amiens*, la *violette à chair jaune.* Ces variétés excellentes pour les plantations de primeurs se placent dans une exposition chaude; on plante en mars.

Pourpier. — Le pourpier est une plante du Midi estimée pour sa qualité douce et rafraîchissante; il craint les gelées tardives, aussi on ne commence à le semer qu'en mai sur une terre garnie de vieux fumier.

Radis. — Parmi les radis du printemps, il faut

placer en premier lieu le *radis blanc rond*, le *radis rose rond* et le *radis demi-long rose à bout blanc* ; le *radis gris d'été*, ainsi que le *radis jaune blanc* et *noir* sont connus sous le nom de *raifort* et de *raves* dans les Vosges.

Le radis noir d'hiver est le plus tardif et de longue garde.

Le radis de printemps se sème en mars et avril ; celui d'été en mai et juin ; celui d'hiver en juillet, août et septembre. Il demande un terrain riche, assez frais.

Raifort sauvage, ou *moutarde des capucins*, se multiplie d'éclats en automne ou au printemps ; il vient à peu près partout, sans réclamer beaucoup de soins.

Salsifis. — Le salsifis se sème à la volée ou en rayons, en février, mars et avril, dans une terre profondément labourée, bien ameublie, qui n'ait pas été nouvellement fumée.

En cas de sécheresse, il faut arroser pour assurer la levée de la graine de salsifis ; il ne s'agit ensuite que d'éclaircir, biner et sarcler jusqu'à la récolte, qui se fait en automne et au printemps, avant qu'il monte à graine.

Scorsonère d'Espagne. — On cultive de la même manière que le salsifis la *scorsonère* dont la racine est noire ; on sème de février en avril, ou de juillet en août ; la scorsonère diffère du salsifis en ee qu'on la récolte la seconde année, excepté dans les terres très-douces, où elle acquiert dès la première une grosseur suffisante.

La graine de ces deux plantes se conserve une année, deux ans au plus.

Tomate, pomme d'amour. — On sème la tomate de bonne heure sur couche ou sous châssis, pour repiquer en pleine terre au midi, lorsque les gelées ne sont plus à craindre ; on place les plants à 0,70 ou 0,80 centimètres de distance les uns des autres. — Quand les plants ont 40 centimètres, on les échalasse et on les arrête à 70 centimètres, ou 1 mètre, en pinçant, au-dessus des fleurs d'abord, le sommet des tiges, et ensuite les pousses secondaires. On effeuille légèrement lorsque le fruit mûrit.

CULTURES FORCÉES.

Nous avons dit, en parlant de la culture des plantes, chapitre XXII, que l'horticulture devance quelquefois l'époque naturelle, pour faire développer certaines plantes potagères et produire des primeurs. C'est par les cultures forcées qu'on arrive à ces résultats.

Les principaux moyens employés pour obtenir des plantes ou des fruits avant l'époque ordinaire de leur maturité sont : les *paillassons*, les *cloches*, les *châssis*, les *couches* et les *serres*.

Paillassons. — On fabrique les paillassons pendant l'hiver avec de la paille de seigle liée à des ficelles placées parallèlement à 25 ou 30 centimètres les unes des autres.

Les paillassons servent à abriter les jeunes plants contre les vents froids, à couvrir les semis de pleine terre, les arbustes délicats ; on les emploie aussi pour protéger les pêchers et les abricotiers, en les suspendant le long des espaliers.

Cloches. — Les cloches sont des abris en verre destinés à préserver du froid les plantes dont on veut hâter la maturité, ou qui ne viendraient pas sans cette précaution.

On se sert aussi de cloches d'osiers recouvertes d'un calicot gommé.

Châssis. — Les châssis sont des abris vitrés, qui ont l'avantage de couvrir les plantes sans les priver de lumière.

En général, ils se composent de cadres de bois ou de fer garnis de vitres, reposant sur une caisse inclinée; ces cadres s'ouvrent plus ou moins, au moyen d'une crémaillère placée sur le devant.

Couches. — Pour faire une couche, on prend du fumier de cheval sortant de l'écurie, on l'entasse soigneusement, on le foule, puis on recouvre le tas d'une couche de 10 à 12 centimètres d'épaisseur, de terreau ou de bonne terre ameublie ; lorsque le fumier entre en fermentation, il chauffe la terre placée au-dessus.

L'épaisseur d'une couche est de 70 centimètres ; la hauteur est la même ; la longueur de 2 à 3 mètres, selon les besoins.

On doit, avant de semer, laisser à la couche le temps de se refroidir un peu.

On ranime la couche au moyen de bourrelets de fumiers chauds placés tout autour.

Serres. — La serre est un local vitré, où l'on peut élever la température selon les besoins des plantes qu'on y loge. Elle est ordinairement formée d'un mur en maçonnerie, d'un toit et de trois façades garnies de vitrages. Les supports des vitres sont en fer ; quelques parties sont mobiles pour aérer l'intérieur, selon les besoins.

Des dressoirs établis le long de la serre reçoivent les plantes de petites dimensions, dont on doit soigner la culture comme en plein jardin ; il faut de temps à autre rempoter, c'est-à-dire donner des vases plus grands à mesure que les plantes se développent.

On chauffe les serres par l'air chaud ou la vapeur, au moyen d'appareils spéciaux où l'on brûle de la tourbe, de la houille ou du bois.

En général, les serres sont construites pour conserver, pendant l'hiver, les végétaux qui, dans nos climats, ne résisteraient pas aux rigueurs du froid.

JARDIN D'AGRÉMENT.

On donne le nom de jardin d'agrément à un espace plus ou moins circonscrit, placé à proximité des habitations, où l'on cultive des arbres, des arbustes d'ornements et des fleurs de serre et de pleine terre.

Nous ne croyons pas devoir entrer dans les détails de création, de plantation et d'entretien de ces jardins ; ils ne présenteraient aucune utilité pratique à ceux pour qui nous écrivons cet ouvrage.

VÉGÉTAUX PARASITES DES PLANTES DE JARDINS.

On donne le nom de *parasites* à tous les êtres qui s'établissent sur les végétaux, qui vivent à leurs dépens ou qui leur sont nuisibles par leur présence.

Les parasites accomplissent les phases de leur vie, ou une partie seulement, sur les végétaux qu'ils ont choisis ou sur lesquels ils ont été déposés à l'état d'œufs, de graines ou de spores.

Parmi les parasites, les uns ne cherchent qu'un

support, on les nomme *faux parasites* ; les autres, au contraire, trouvent à la fois sur les végétaux un appui et une nourriture : ce sont les *vrais parasites*.

Les *faux parasites* sont le *lierre*, les *lichens*, les *mousses*, etc.

Les *vrais parasites* appartiennent au règne animal ou au règne végétal.

Citons, parmi ceux qui appartiennent au règne végétal, l'*oïdium*, le *gui*, la *cuscute*, l'*orobanche*, la *rhizoctonie*.

Les *vrais parasites* du règne animal sont : le *hanneton*, le *cerf-volant*, la *cantharide*, le *charançon des graines*, le *capricorne héros*, l'*altise*, l'*eumolpe de la vigne*, le *criocère*, le *perce-oreille*, les *sauterelles*, le *criquet-voyageur*, la *courtilière commune*, la *guêpe commune*, la *fourmi noire*, les *pucerons*, la *cochenille*, le *miellat*, le *puceron lanigère*, la *livrée*, la *pyrale de la vigne*, la *pyrale des pommes*, la *pyrale du seigle*, les *fausses teignes des graines*, les *limaces*, les *escargots*.

Nous avons parlé, au chapitre XV, de la plupart de ces parasites et des moyens de s'en débarrasser, ou tout au moins de diminuer les dommages qu'ils occasionnent aux végétaux.

FIN.

TABLE DES MATIÈRES

CHAPITRE IV. — *Culture du sol.*

CHAPITRE XXII. — *Horticulture.*

Chambéry, imp. E. D'ALBANE, place St-Léger, 13